綠意佈置主流

室內觀葉植物
種植活用百科

U0135145

陳坤燦　My　Garden花草遊戲編輯部　著

〔出版緣起〕

種得活也要種得漂亮

沒有高超的技術，大多數人做不了音樂家；沒有相當的技巧，大多數人做不了畫家；但是無須太多技術的包袱，一般人只要具備基礎的種植知識，和一些美學概念，就可以做一個快樂的<園藝家>，享受種植的成長過程，得到最大的滿足和成就感。

漂亮家居企劃的<園藝家>書系，就是為了滿足越來越多人對園藝美好的追求。我們不是農夫，而是把花草種植當成一種生活樂趣，只是因為熱愛，所以願意不斷的探索、實驗、分享，這就是<園藝家>書系想要提倡的精神。

很多人對種植失去信心，原因是種不活，其實種不活大半的狀況是不了解花草的特性，以致於提供不對的環境。<園藝家>書系，邀請了有實際種植經驗的花草愛好者來撰寫種植的知識，不僅有符合本地生長的種植指引，精美的植物圖鑑查詢，同時也請教花藝、景觀專家提供花草搭配盆器，花草佈置空間、花草應用的訣竅，是真正能夠兼具種植和活用的園藝實用指南。

讓居家空間更漂亮，不一定需要豪華的裝潢和傢俱，花草就是我們最方便的佈置品，最有活力的綠色傢俱。因此花草不僅要種得活，更要種得健康，種得漂亮。種植知識和美感的巧妙搭配，花草的美才會更容易被看見。

從戶外到室內，只要適當的環境，選對花草種類，以及正確的種植知識，花花草草將會為居家帶來很多色彩，為生活帶來無窮希望和樂趣，是很多熱愛花草生活園藝家追求的理想，更是<園藝家>書系的終極目標。

My Garden花草遊戲總編輯 張淑貞

〔編者的話〕
信手捻來的綠意

觀葉植物看似樸實無奇，一身綠意很難與花朵媲美，不過向來就是花市的長銷商品，原因在於他們對室內環境有很強的適應性，而且絕大多數終年長綠，能為室內帶來持續的綠意、改善環境氣氛與淨化空氣等功能，比起其他花卉，觀葉植物有著更為重要的機能性，對我們的身、心、靈三方面都有實質上的幫助。

本書有系統地從觀葉植物的認識、栽培、應用、設計做完整且簡明扼要的介紹：

第一章是觀葉植物的認識，讓愛花人可以清楚認識什麼是觀葉植物？觀葉植物的用途有哪些？尤其是淨化空氣這的最受矚目的焦點，也在本章有詳細的說明，此外對於商品尺寸規格有專業級的知識，讓你買觀葉植物時，出口就是行話。

第二章觀葉植物的栽培，觀葉植物是許多人第一次栽培花草時的首選，好養易活是他的優點，但是在室內要應用得宜，還是得要分析室內環境來選擇適合的種類來應用，善用每個種類的特性，必能帶來更好的綠意感受。養得好、長得茂密，接下來的工作就是繁殖，越養越多會讓我們有莫大的成就感！

第三章室內觀葉植物選介，本章是精采的圖鑑，網羅了市面上的觀葉植物，包含最新引進的種類，合計有近四百種之多。簡單扼要的說明品種特性、栽培技術、應用技巧等，讓愛花人可以就憑這本書到花市，尋覓我們環境契合的綠色好夥伴。

第四章觀葉植物種植示範，單獨擺放雖然綠意盎然，但是總覺得少了一點變化與創意，而中小型的觀葉植物正好是組合盆栽最重要的材料，不論是熱帶風情的主題設計、秘密花園的玻璃花房、甚至於陽台上的組合造景，都可以觀葉植物大展手腳的機會。

第五章室內觀葉植物的佈置活用，在這章裡面精采的應用實例，都兼顧植物生長習性與設計美感與創意，提供不同場合地點的應用，讓愛花人能夠有所啟發，原來廁所、客廳、辦公室、餐廳…等，都可以用觀葉植物佈置得如此溫馨雅緻，綠意無窮。

筆者任職的台北市錫瑠環境綠化基金會，自成立以來便致力於環境綠美化的推廣。在室內綠化的試驗研究開發上即有植物淨化空氣議題的探討、室內綠化服務技術的引進，與組合盆栽、綠雕技術的開發…等都有顯著的成果，本書便是在實際應用的基礎上，累積無數的經驗所編撰而成，期望能對觀葉植物的應用與居家、辦公環境品質的改善上貢獻一份心力。

作者 陳坤燦

目錄

觀葉植物圖鑑使用說明

觀葉植物所涵括的植物種類非常多，其中多數是原產中南美洲、太平洋群島、東南亞、赤道非洲等溫暖地區，濕潤森林底層的植物，因此具有喜好溫暖、潮濕且適應陰蔽的環境，所以非常適合室內栽培應用。本書選介了近四百種葉形、葉序、葉色、株型各有特色的觀葉植物，讀者不但可以從書中認識眾多植物、懂得如何種植栽培，還可以學會善用它們作為綠色家具，把居家、辦公室、商店、餐廳妝點得生氣盎然，個性、氣質獨具。

科屬
標示觀葉植物的類屬和科別。

名稱
標示學名和英文名字。

植物簡介
針對觀葉植物特性及栽培管理作介紹。

五加科

常春藤

學名：Hedera
英名：Ivy

常綠蔓藤植物，原產於歐亞溫帶地區，莖上會長不定根來攀附物體，磚牆或石頭都很適合。常春藤質感柔細，品種很多，是主要的室內吊盆植物。最常見的是歐洲常春藤，以及葉片較大的加拿列常春藤。歐洲常春藤葉型繁多，有楓葉、心形、菱形、皺葉等變化，色彩有全綠、斑葉、網脈等斑紋。

栽培
雖然能適應全日照環境，但因為台灣夏天太熱，全日照伴隨高溫使常春藤生長衰弱，且易感染病蟲害，所以在室內半日照環境栽培較佳，或者室外背光的牆面亦可。太暗的環境斑葉不明顯，觀賞價值

常春藤 *Hedera ...*

加拿列長春藤 *Hedera canariensis*

五加科 常春藤

降低。不耐旱，葉片缺水就會枯萎，但盆土積水根部易腐爛，所以土乾再澆水即可，經常於葉面噴水有助於生長。

應用

分為5~7吋吊盆與3吋迷你盆栽兩種樣式。吊盆姿態優雅，不論單獨垂吊或掛貼於壁面，都能欣賞柔美的藤蔓。善用常春藤的莖蔓順著攀爬架牽引攀爬成綠雕，也是一種新的應用方式。小型3吋盆最適合用在組合盆栽，單獨擺放也很小巧可愛。

繁殖

取2節稍微成熟但尚未木質化的莖做插穗，春季扦插成活率高。

病蟲害

常春藤枝葉茂密且夏天怕熱，如果葉表不綠，又出現粉粉霧霧的狀況，掀開葉背常能發現紅蜘蛛。也會出現根腐病，只要先拔除腐壞的莖，再使用殺菌劑即能防治。

科屬及名稱
邊欄上列出植物科別和名字，方便翻詢。

品種
同一種植物，不同品種的引介和欣賞。

第一章 觀葉植物的認識

一、什麼是觀葉植物?

觀賞植物中，以欣賞植物葉片為主的植物即可稱為觀葉植物。

觀葉植物英文稱為 Foliage Plants 或簡稱Foliage。在廣義的解釋上，包括室內外所有的以觀葉為主的植物，連榕樹、金露花等庭園植物都算。

狹義的解釋則專指具有耐陰性，可在室內栽培應用的觀葉植物，所以是室內植物(Indoor Plants)的主力。在歐美地區，冬季萬物蕭條，大地一片雪白，人們渴求植物帶來的綠意，來自於熱帶地區的觀葉植物，極富熱帶風情與異國情調，因此也以Tropical Plants（熱帶植物）或Exotic Plants（異國植物）來稱呼。

觀葉植物所涵括的植物種類非常多，其中多數是原產中南美洲、太平洋群島、東南亞、赤道非洲等溫暖地區，濕潤森林底層的植物，因此具有喜好溫暖、潮濕且適應陰蔽的環境，所以非常適合室內栽培應用。

觀葉植物的觀賞重點有葉片的形狀、各種層次的綠色葉片與特殊的斑駁斑紋、葉片排列順序、粗細厚薄不同的質感…等，此外整體的造型比例與剛強、柔順等姿態也是欣賞重點。

除了蕨類植物之外，所有的觀葉植物都會開花。但是花朵多半不夠鮮明、或是開於不顯眼處，而生長環境、栽培技術、植株成熟度等人為因素，也會造成不開花，因此常讓人誤會觀葉植物「不會開花」。

觀葉植物栽培速見表

屬類	光線	水分	規格
龍舌蘭	○	◌	大/中/小
酒瓶蘭	○	◌	大/小
香龍血樹	◐	●	大
星點木	◐	●	中/小
百合竹	○	◌	大/中/小
竹蕉	◐	●	中/小
紅邊竹蕉	○	●	大/小
千年木	◐	●	大/中/小
龍血樹	○	◌	大
虎尾蘭	○	◌	中/小
王蘭	○	◌	大
朱蕉	○	●	大/中/小
孔雀木	◐	●	大/中
常春藤	◐	●	吊
福祿桐	◐	●	大/中/小
鵝掌藤	◐	●	大/中/小
澳洲鴨腳木	◐	●	大
五爪木	◐	●	中/小
八角金盤	◐	●	大/中/小
網紋草	●	●	吊/小
嫣紅蔓	◐	●	小
波斯紅草	◐	●	小
單藥花	●	●	中/小
金葉木	◐	●	中
灰姑娘	◐	●	中/小
彈簧草	◐	●	吊/小
彩葉木	◐	●	中
擬美花	○	●	中/小
林投	◐	◌	大/中/小
垂榕	◐	●	大/中
印度橡膠樹	○	◌	大/中
琴葉榕	◐	◌	大/中
越橘葉蔓榕	◐	●	吊/小

屬類	光線	水分	規格
薜荔	◐	●	吊/小
馬拉巴栗	◐	◌	大/中/小
變葉木	○	●	大/中/小
紅雀珊瑚	○	◌	小
白雪木	○	●	中/小
彩葉木薯	○	●	中
椒草	◐	●	吊/中/小
冷水花	●	●	吊/小
煙火花	●	●	吊/小
觀葉秋海棠	●	●	中/小
吊蘭	◐	●	吊/小
蜘蛛抱蛋	●	●	中
沿階草	◐	●	小
油點草	◐	◌	小
武竹	◐	●	吊/中/小
水竹草	◐	●	吊/小
吊竹草	◐	●	吊/小
蚌蘭	○	●	中/小
紫錦草	○	●	吊/小
玉如意	◐	●	中
絨氈草	◐	●	中
竹芋	◐	●	中/小
紅裡蕉	◐	●	大/中
葛鬱金	◐	●	吊/中
櫛花竹芋	◐	●	中
毯蘭	◐	◌	吊/小
串錢藤	◐	◌	吊/小
小紅楓	◐	●	小
酢醬草	◐	●	小
飛機草	◐	●	小
舞草	○	●	小
綠元寶	◐	●	小
到手香	○	◌	吊/小

屬類	光線	水分	規格
血葉蘭	◑	◌	中/小
金線蓮	●	◌	小
虎耳草	●	◌	吊/小
粗肋草	●	◔	中/小
✓黛粉葉	●	◔	大/中/小
✓蔓綠絨	●	◔	大/中/小
觀音蓮	●	◔	中/小
火鶴花	●	◔	中/小
黃金葛	◑	◔	大/吊/小
彩葉芋	○	◌	中/小
✓蓬萊蕉	●	◔	大/中
白鶴芋	●	◌	大/中/小
合果芋	●	◔	中/小
✓拎樹藤	●	◔	大
翡翠寶石	●	◔	中
星點蔓	●	◔	吊/小
石菖蒲	◑	◌	小
✓美鐵芋	◑	◍	大/中/小
輪傘草	◑	◌	中
莎草	●	◌	大
紫絨藤	◑	◌	吊/小
綠之鈴類	◑	◍	吊/小
菱葉藤	●	◔	吊
錦葉葡萄	●	◔	吊
✓棕櫚類	◑	◔	大/中/小
鐵線蕨	●	◌	中/小
鳳尾蕨	●	◌	中/小
腎蕨	●	◌	吊/小
筆筒樹	◑	◌	大
山蘇花	●	◌	中/小
鹿角蕨	◑	◌	吊/中/小
卷柏	●	◌	吊/小
魚尾蕨	◑	◍	中

屬類	光線	水分	規格
蘇鐵蕨	◑	◌	中
兔腳蕨	◑	◍	吊/小
石松	◑	◍	吊
小鳳梨	◑	◍	小
空氣鳳梨	◑	◍	小
彩葉莧	○	◌	小
紫絹莧	○	◌	小
洋莧	○	◌	小
閉鞘薑	●	◌	中
孔雀薑	●	◌	小
紫金牛	●	◌	小
錦袍木	●	◌	小
✓咖啡	●	◌	大/中/小
柾木	◑	◌	小白花
天堂鳥	◑	◌	大/中/小
立雅樹	◑	◌	中
鐵線草	●	◌	吊/小
✓斑葉海桐	◑	◍	大/中

日照：
○～全日照
◑～半日照
●～陰暗
水分：
◌～喜潮濕不耐旱
◔～普通
◍～耐旱
規格：
大～1呎以上
中～5～7吋
小～3吋
吊～3～5吋吊盆

二、觀葉植物的用途

除了室內觀賞外，有些觀葉植物也適合戶外栽培，這些種類常歸類在地被植物(Groundcover Plants)中，多作為景觀用，耐陰的特性可以用在庭園樹下的陰暗處，能讓原本昏暗的角落頓時亮了起來。且有觀賞期長，維護簡易等特性，目前已成為公共環境綠美化的主流。

此外，觀葉植物還有以下用途以及優點：

調節濕度

室內栽種植物因為需要澆水，以及在葉面噴水保濕，植物根部吸水從葉片蒸發。這些蒸散在空中的水分子，對調節空氣濕度極有效用，而過程中釋放出的陰離子對身體也有正面的幫助。

攝影／游宏祥 場地提供／居易

清淨空氣

　　室內觀葉植物能確實改善人類室內空間的環境品質，美國NASA及日本、歐洲均有許多相關的研究，其中以吸收空氣中有毒化學物質的功效最顯著。

　　許多的研究報告更指出，室內空氣汙染的情況及所造成的威脅，甚至遠超過一般人較會留意到的室外空氣污染。許多人或許會納悶，我怎麼知道身處的環境中是否存在著這些有毒氣體？其實除了可以經由專業的監測、診斷外，像是過敏、氣喘、打噴嚏、流鼻水、疲勞、頭痛、神志不能集中等許多人常犯、卻不以為意的小毛病，都是所謂「病態辦公室徵候群」（Sick Building Syndromes）的常見徵兆。

　　如同一般人所知，植物行光合作用時，吸收二氧化碳以製造氧氣，供動物

室內環境產生有毒物質的物品及其產生毒物

	甲醛	二甲苯／甲苯	苯	三氯乙烯	氨	醇	丙酮
膠黏劑	■		■			■	
生物排泄（人體、寵物）		■			■	■	■
曬圖機					■		
地毯						■	
瓷磚填縫劑	■	■	■				
天花板	■	■	■				
漂白水							
清潔劑					■		
電腦螢幕		■					
化妝品						■	■
印表機				■		■	
繪圖機		■	■	■			
窗簾	■						
紡織品	■						
面紙	■						
地板覆材	■	■	■			■	
瓦斯爐	■						
塑膠提袋	■						
微縮影片顯像劑					■		
去光水							■
修正液							■
油漆	■	■			■		
紙巾	■						
電路板	■	■	■			■	
防皺處理衣物	■						
影印機		■	■	■	■		
三夾板	■						
印刷打樣							■
染劑/亮光漆			■				
香煙		■					
泡綿椅墊	■						
壁紙		■	■			■	

資料來源：Eco-Friendly HOUSE PLANTS

呼吸使用。其他對人們有益的因子，還有因葉片蒸散作用，所產生的負離子（陰離子），具殺菌效果以及使空氣濕度增加。當然，針葉樹產生的芬多精，殺菌的效果也十分顯著，這些都是直接對人體有益的功能。

■NASA研究發現室內植物能淨化空氣

在美國太空總署（NASA）的進一步研究中發現，室內植物竟能有效的淨化

甲醛、苯等室內空氣中主要的有毒氣體。產生如此神奇功效的原因，主要是植物行光合作用時，氣孔打開呼吸時，同時吸入二氧化碳及這些散佈在空氣中的有毒氣體分子，透過植物的傳導組織將其送到根部，植物的根部原本就存在許多共生菌，這些共生菌能將有毒的物質分解成無毒，進而達到淨化之效。

美國太空總署（NASA）針對生活中常見的50種室內植物，並依其去除甲醛的成效，做出了以下的排行榜（見附表一），並同時列出了淨化二甲苯／甲苯和氨成效的植物排行（見附表二和三）。從上述的資料我們能清楚的了解到，不同的室內植物對於像是甲醛、甲苯或者是氨等有毒物質淨化的成效也有所不同；

基本而言，植物淨化空氣的成效主要取決於本身代謝循環、氣孔多寡、葉片數目、葉片大小等種種因素。

附表一：
植物淨化空氣主要有毒氣體排行榜
～甲醛

	除去甲醛1小時/μg		
1	波士頓腎蕨	26	銀后粗勒草
2	盆菊	27	吊蘭
3	非洲菊	28	芭蕉
4	羅比親王海棗	29	紅公主蔓綠絨
5	立葉香龍血樹	30	白玉黛粉葉
6	竹莖椰子	31	鋤葉蔓綠絨
7	波葉腎蕨	32	黃金葛
8	印度橡膠樹	33	南洋杉
9	常春藤	34	四季秋海棠
10	垂榕	35	鳳眉竹芋
11	白鶴芋	36	菱葉藤
12	黃椰子	37	螃蟹蘭
13	鑲邊龍血樹	38	春羽蔓綠絨
14	觀音棕竹	39	合果芋
15	澳洲鴨腳木	40	心葉蔓綠絨
16	鑲邊竹蕉	41	火鶴花
17	銀紋竹蕉	42	孔雀竹芋
18	沿階草	43	聖誕紅
19	石斛蘭	44	仙克來
20	翠玉黛粉葉	45	蝴蝶蘭
21	鬱金香	46	蜻蜓鳳梨
22	亞里垂榕	47	變葉木
23	翡翠寶石	48	虎尾蘭
24	袖珍椰子	49	蘆薈
25	西洋杜鵑	50	長壽花

資料來源：Eco-Friendly HOUSE PLANTS

INFO **甲醛**

就是一般人所熟悉的「福馬林」，在建築方面，其主要用於木材的防腐、絕緣之用，現今常用的合板、三夾板等為達防腐之效，在製造時皆會浸滿甲醛。許多人都有這樣的經驗，打開新做好的家俱、櫥櫃，或進入剛裝潢好的房子，總覺得有股難聞的味道，或是覺得眼睛受到刺激想流淚，其實這都是甲醛在作怪。
吸入過量的甲醛容易引起感官系統的不適，造成像是眼睛、鼻子、喉嚨不舒服或過敏等現象，而國際研究癌病組織也已將甲醛分類為對人類可能致癌的物質。

■活用植物淨化室內空氣

如果想利用植物來淨化室內空氣的話，除了可參考本表格來選擇合適的植物外，植物的放置數量也是重要的學問。

以10坪的空間來講，建議放置至少8盆左右的室內植物為宜。至於盆栽該如何擺設？原則上無任何特別限制，但別全部選用桌上型的小盆栽，以免效果有限。最好能將150公分以上所謂的大型植物，以及50公分左右的桌上植物和小型、迷你的盆栽平均穿插運用於空間之中，即能達美化及淨化之雙重功效。

或許有人會質疑，這些植物不斷地吸收空氣中的有毒氣體，會不會有飽和的一天？植物會不會因為吸收過多的有毒氣體而死亡，或者是反過來將這些氣體釋放回空氣中？其實經過實驗的證明發現，這些疑慮其實都是多餘的。而且如之前所言，有毒氣體的吸收、淨化，主要是由根部的共生菌所完成。所以只要植栽健康地活著的每一日，都能持續為人們吸收空氣中的毒物，當個最稱職的「空氣清淨機」。

附表二：植物淨化空氣主要有毒氣體排行榜～二甲苯／甲苯

	除去二甲苯/甲苯1小時/μg
1	黃椰子
2	羅比親王海棗
3	蝴蝶蘭
4	白玉黛粉葉
5	鑲邊竹蕉
6	石斛蘭
7	翠玉黛粉葉
8	翡翠寶石
9	波葉腎蕨
10	銀線千年木
11	火鶴花
12	鑲邊香龍血樹
13	垂榕
14	白鶴芋

資料來源：Eco-Friendly HOUSE PLANTS

INFO 二甲苯／甲苯

同屬於石化產品的二甲苯及甲苯，通常做為溶劑應用於建材、油漆中，像是裝修中使用的膠、塗料、油漆溶劑等都會含有此類物質。擁有特殊氣味、無色透明的甲苯，對皮膚粘膜有刺激作用，接觸高濃度的甲苯會產生頭暈、頭痛、噁心、嘔吐、四肢無力、意識模糊等急性中毒現象。

至於可經由呼吸道及皮膚被吸收的二甲苯，則為中樞神經抑制劑；接觸高濃度的二甲苯，會產生麻醉作用，若吸到高濃度的二甲苯蒸氣，則會造成嚴重的呼吸困難。長期暴露於含此類毒物的環境中，對中樞神經易造成危害，對心、腎亦有所損害。

附表三：植物淨化空氣主要有毒氣體排行榜～氨

	除去氨1小時/μg
1	觀音棕竹
2	翡翠寶石
3	沿階草
4	火鶴花
5	盆菊
6	孔雀竹芋
7	石斛蘭
8	鬱金香
9	袖珍椰子
10	合果芋
11	垂榕
12	白鶴芋
13	鑲邊香龍血樹
14	西洋杜鵑

資料來源：Eco-Friendly HOUSE PLANTS

INFO 氨

氨就是我們所俗稱的「阿摩尼亞」，它是一種刺鼻味的有毒氣體。其產生主要來自於腐敗的生物以及清潔劑，建築師事務所及曬圖公司所使用的曬圖機，則是辦公室環境中最大的氨氣污染源。

吸入過多的氨氣，會造成眼睛乾澀、喉嚨痛等感官系統的不適以及呼吸困難、頭暈、頭痛、無力等現象。而情況嚴重的話，則可能引發肺水腫。

調適心情

　　人是大自然的動物，在人工建築內活動的人們，心裡非常渴望回到自然的環境。國外實驗結果，在有植物佈置的美麗環境中工作，上下午的精神狀態不會相差太多，且思路比較靈敏、工作不會出錯。

修飾空間

　　運用植物修飾辦公室、賣場、商店，

攝影／游宏祥　場地提供／Om 阿 Hum

是以居家的角度來看待這些冰冷的環境，讓植物在這些空間中扮演活家具的角色，營造出像家一般的舒適感。

營造氣氛

藉由熱帶植物特殊的造型，讓空間具有熱帶悠哉、休閒的感受，走進熱帶植物佈置的空間中，就像到了渡假聖地般輕鬆愉快。

三、如何選購觀葉植物

觀葉植物雖然好種，但是為了買回家之後更容易照顧，從購買起就要注意品質、季節及環境等因素。

季節

雖然觀葉植物全年都有生產，但因為觀葉植物多為熱帶植物，喜歡高溫環境，所以春末到秋初生長最為旺盛，不僅產量多而且品質優異。

葉色鮮明

觀葉植物主要在遮蔭棚內生產，非常適應室內光線，所以買回家後不需要經過馴化的過程，直接放在室內就可以。一般來說葉色深綠的植株表示光線剛好、肥料充足。而斑葉植物應選特徵明顯的，像黃金葛如果生產過程中，光線控制得宜，葉斑的顏色會愈鮮明。

葉叢茂密

就像竹芋欣賞的重點在那叢葉子，豐盛的葉片讓株形圓滿，所以葉片越茂密越好，葉片稀疏當然較不美觀。應選擇葉片緊密、葉量多的植株，但葉片不一定要大。

病蟲害

健康的觀葉植物，葉子沒有褐色或黑色塊斑及水浸狀斑點，根基部沒有白色黴狀物。觀葉植物較有可能得到葉斑病、疫病及白絹病等病害，但消費者不太有機會買到病株，因為農民在生產管理上都很用心。蟲害以介殼蟲較多，紅蜘蛛、蚜蟲較少。多注意觀察葉背、莖基部以及盆底是否藏有蟲害。

哪裡買？

觀葉植物的商品壽命比盆花、草花長，所以在花市、苗圃、觀光花園、花店甚至夜市都可以買到。

不過貨比三家不吃虧，比的不是價格，而是規格與品質，到花販群聚的花市當然會比花店來的多選擇，但是花店有將觀葉植物加以設計包裝的專業技術，也是不錯的考慮。

光線不足，斑紋不顯現，整體呈綠色，右邊光線適當，斑紋清晰，觀賞價值高。

四、觀葉植物的樣式與應用

觀葉植物依照其型體及應用有樹型、附柱、造型、叢生、懸垂、迷你等造型。

樹型：一般是具有耐陰性的灌木，具有明顯的莖部，身裁比例大多呈上寬下窄的樣子。例如福祿桐、孔雀木、垂榕等。

附柱：蔓藤植物的應用方法，在盆中立一枝蛇木柱（現在也用椰纖包塑膠管），讓藤蔓攀爬其上。型態高瘦不佔空間，適合修飾角落。中型的附柱觀葉盆栽，也可以排列當綠屏風用。

造型：用栽培技術改變植物天然的形貌，例如五彩千年木的曲莖、象腳王蘭

樹型

附柱

造型

剝除老葉，只留頂端葉叢。通常用在商業空間佈置。

叢生：葉片密集成叢，具有圓滿豐盛的美感，大多是中小型的種類。

懸垂：葉子蓬鬆、枝條懸垂，以及蔓藤植物，可做吊籃或半壁吊。把吊盆掛勾拿掉，也可以放在桌台鋪陳莖蔓，現在流行的綠雕，也可以用蔓藤來表現。

叢生

懸垂

依商品規格而言，市面上觀葉植物可大概分為三種：

1.3吋盆迷你盆栽規格為大宗，少數枝條懸垂種類也有迷你吊盆。3吋盆迷你盆栽玲瓏可愛，是個人趣味玩賞的主要商品。因天生矮小，葉片細緻，擺在大空間會看不見，所以近距離觀賞最好，也可拿來做組合盆栽。適合桌上、隔屏、窗台等處栽培，甚至當植物寵物般養護。

2.5～7吋盆是落地型盆栽，是商業上應用最廣的規格，商業空間綠美化佈置幾乎全靠這類觀葉植物鋪陳。像黛粉葉、粗肋草、竹芋等，因分枝多，成排擺放空間中，綠意十足；即使單獨擺放，本身豐盛程度也夠。體積中等，擺

7吋盆吊盆

苗圃陳設3吋盆迷你盆栽

在地面或小茶几上都可以，也能排列在隔屏上當綠屏風使用。吊盆5～7吋都有，擺在隔屏上讓藤蔓鋪於桌上，或懸掛在立面讓枝條葉片瀟灑的垂掛下來。

3. 落地型大盆栽約5呎（150公分）以上高度。落地型大盆栽由於平視易觀賞，量體較大，多用於公共、商業大型空間佈置，一般居家較少使用。大型的觀葉植物，可以修飾空間角落，或用作庭院、陽台造景用。

落地盆栽

樣式豐富規格齊全的觀葉植物

第二章 觀葉植物的栽培

一、考慮環境的條件

許多觀葉植物的耐陰性強，適合應用在室內環境的綠化與佈置，無論是居家空間、辦公空間、商店空間，都可依不同的氣氛需求、光線、濕度等條件，找到恰當的植栽，表現空間的特色，營造所需氛圍與氣質。最重要的是，植物的選擇與應用，也會展現空間主人的品味與氣度。

居家空間應用－「用」比「養」更重要

居家空間的綠化重點以美觀為優先，如何利用觀葉植物的豐富質感與形象，增添居家生活情趣與美感，通常是我們比較忽略的一點。

平常我們買植物、應用植物，最先想到的是怎麼照顧它？怎麼樣不會死？如果真作如此想的話，心理負擔實在太重了。其實養好植物一點都不難，在下一個單元會作簡單清楚且有條理的介紹。所以先要考量的反而應該是這一盆植物擺在哪裡比較好看？這個角落放椰子好還是蔓綠絨好？……等這類問題。畢竟家裡是我們休息生活的地方，好好利用觀葉植物的特性，營造一個優雅舒適、清新爽朗的居家環境，才是比較優先的課題。

玄關

一入家門的玄關，是家裡給人第一印象的空間，所以要花點心思在這裡。公寓大樓的住家，有時將鞋櫃放在門外，

等於將玄關的感覺拉出來了。玄關的位置，光線通常很微弱，不適合觀葉植物長期擺設，最好採輪流的方式，與其他放在光線適宜位置的盆栽替換，擺放時間不宜超過一周以上。

如果旁邊有採光窗或能夠安裝投射燈，不但加強氣氛營造，並且能提供植物生長所需的光線，那就再好不過了。適合的植物以耐陰性強的種類為主，天南星科的粗肋草、美鐵芋造型大方，五加科的福祿桐、常春藤姿態優雅，龍舌蘭科的星點木、千年木類葉色鮮明，也能有突出的表現。

Tips 空間擺放10個不可不知

1. 植物盆栽的高度不宜超過天花板高度的2/3。
2. 大空間葉片宜寬大，或葉叢茂密呈色塊實體的展現。不宜線條多、葉片疏少的植物。
3. 石材或壁紙的壁面干擾斑葉植物的葉色展現。
4. 線條背景會讓瘦長植物在視覺上匿失，適用葉片寬大的植物。
5. 牆面背景色應與葉色有較強的對比。
6. 雜亂的背景不宜使用葉色豐富的植物。
7. 選用植物儘量不造成維護上的麻煩，例如容易落葉（垂榕），需要高濕度環境者（鐵線蕨）。應挑選生長緩慢、對環境逆境抗性強者。
8. 大型盆栽：高150cm以上，適宜門廳、角落、走廊等大型空間使用。
9. 中型盆栽：高60-120cm之間，適宜矮櫃上、地面成列擺放，或組合造景使用。
10. 小型盆栽：高60cm以下，可做壁面吊盆或桌櫃上擺放。

客廳

　　主要的起居空間，通常有落地窗提供較好的明亮光線，大多數的觀葉植物都能在這裡應用。落地窗旁的角落，最適合放落地的大型盆栽，可以修飾角落，而且陽光透射讓葉片具有透明感，看起來綠意加倍；如果有葉影映在牆上，更能增添浪漫悠閒的感覺。如果空間較大，可以使用黃椰子、竹莖椰子等棕櫚植物；如果空間較窄，柱狀的拎樹藤、黃金葛能直接提供綠化效果。

　　沙發角落旁的茶几，可以放株型直立的觀葉植物，如開運竹、馬拉巴栗、咖啡樹等，不要選葉片四散的種類，以免坐在椅子上時有受干擾的感覺。

　　客廳中央的矮桌，以迷你觀葉植物的

圖片提供／覲得設計

小型組合或是蔓藤、不太長的觀葉吊盆
較合適，不要太佔地方，高度也不要遮
到看電視的視線。電視櫃上則是可以讓
植物好好表現的舞台，可以放中型的盆
栽，姿態輕盈優雅的福祿桐、油點木，
葉色鮮明嫩綠的黛粉葉、粗肋草會讓牆
面亮起來。

　　如果家具在設計上比較考究，造型特
異的虎尾蘭、觀音蓮等盆栽，放在設計
新穎的居家陳設裡，有意想不到的加分
效果。

餐廳

如果緊臨廚房，要留意油煙與高溫是植物的大敵，如果是西式的廚房，少用高溫爆炒、油炸等烹調方式，廚房的櫥櫃與流理台上倒是可以擺放懸垂與中型的觀葉植物。

餐廳的餐桌上，放一盆鮮翠嫩綠的盆栽，會讓用餐時氣氛愉悅喜樂。但是為了不佔空間，植物以5吋盆以內的規格，配上陶瓷材質等具清潔感的盆器，而且葉叢要密滿，以葉片能遮掩盆土為要。使用水耕栽培方式，應用千年木類與天南星科植物的清潔感，頗能與餐桌相得益彰。

臥室

也許有人疑慮，晚上植物行呼吸作用，吸收氧氣放出二氧化碳，放在室內栽培時，會不會與人們競爭空氣中的氧氣？尤其是在臥室擺放觀葉植物，在我們就寢時，會不會讓我們缺氧？其實植物行呼吸作用時所吸收的氧氣與放出的二氧化碳，比我們身旁多一個人所用的還要少許多，所以大可不必顧慮這個問題，我們仍然可以放心地使用觀葉植物來佈置。

臥室空間如果不是很大，以株形較瘦高的落地盆栽1~2盆來修飾即可，例如竹莖椰子，黃椰子等，尤其椰子類的蒸散效率高，有助於提高空氣中的濕度，在歐美等氣候乾燥地區，它們還承擔著「空氣增濕器」的功能。如果家人因為開了冷暖氣而有鼻乾喉燥的不適感，椰子類觀葉植物就能發揮極大的改善功能。

書房

　　書房光線通常較為不足，只有寫作業、閱讀時才會開燈照明，所以在沒有開窗採光的情形下，觀葉植物並不能長久擺放於此。如果每天都有機會用到書房，倒是可以在書桌上擺放迷你嬌小的觀葉植物，依靠檯燈來生長。根據研究，當人們精神疲累、記憶力減退、思考運算容易出錯時，花個5分鐘時間來欣賞綠色植物，就能有效提振思考與工作效率，所以為了這些實質上的助益，書房還是需要綠化一下的。

浴廁

　　家中濕度最高的地方，如果有採光窗的話，這裡就是觀葉植物的天堂，可以讓觀葉植物在這裡調養。不必擔心洗澡時的悶熱水氣，這對生長在潮濕燠熱地區的觀葉植物不會構成威脅。尤其蕨類植物，如果在室內因為冷氣吹襲造成葉片枯黃時，可以剪掉受損的葉片，然後暫時擺放在浴室內，就能逐漸恢復往日的風采。

辦公空間應用─柔和環境氣氛調劑員工身心

辦公空間裡擺放觀葉植物，最能將它淨化空氣、柔和環境氣氛的功能發揮出來，應用設計的原則在於整齊不雜亂，植物能適得其所展現葉片姿態的特色，如果能花較多心思在這上面，植物還能是空間最佳的化妝師。而植物的種類選擇，以生長強健、生命力旺盛、能抗病蟲害的種類為主。

大廳

辦公室的門面，做綠化工作，最顯著的效果就是讓洽公民眾及訪客感受到親切感。一早來上班，映入眼簾的盈盈綠意，必能感到清新愉悅而精神煥發。

在正對門口的牆上通常懸掛著單位招牌，招牌下方若無櫃台，可以排放一列枝葉豐滿蓬鬆，高度50～100公分植物。適合選擇葉色明亮者如銀后粗肋草、白玉黛粉葉等耐陰觀葉植物，年節時也可以更替色彩鮮豔的植物像聖誕紅等…。排放的間隔以每盆植物間，彼此的葉片能些微重疊為宜。也可以在招牌兩側擺放兩棵大型盆栽，這樣感覺比較莊重沈穩。植物的選擇要注意不要挑枝葉太過散亂者，附柱生長的黃金葛、拎樹藤或樹形優美的垂榕、香龍血樹（巴西鐵樹）、馬拉巴栗、福祿桐等…，看起來端正有精神，都是不錯的選擇。

櫃台

如果有櫃台，櫃台高度多在150公分以上，所以不宜再擺太高的植物，尤忌

直立型盆器種植的盆栽，這樣看到的是盆栽的「腳」，自然無美觀可言。應該挑選能遠觀又能近賞，「型」、「質」兼具的植物，例如用蔓藤植物蔓生成的「綠雕」，造型有所變化，比一般盆栽更引人注目；質感細緻者，如葉面有美麗羽毛狀斑紋的竹芋類盆栽耐看又耐久，蔓性植物中的黃金葛、心葉蔓綠絨、常春藤及蔓性椒草等都是上選。選擇莖蔓已伸長的蔓性植物擺在櫃台上，垂曳的枝葉可軟化櫃台剛硬的線條。近年來流行的組合盆栽，造型多變且內容豐富，運用在此也十分合宜。

這些裝扮辦公室門面的盆栽，是站在與外人接觸的「第一線」上，因此保持它們「容光煥發」最為重要。常擦拭葉片上的灰塵，修剪枯黃葉片是不能省略的工作。

隔屏

接著走進工作的事務區，現代化的辦公室有著林立的隔屏，作為個人空間的區隔，但是常使來訪者有深陷迷宮之感。可以在主要走道上排放整列盆栽，發揮引導動線的功能。植物選高約50公分，葉片與隔屏色彩對比的觀葉植物，例如淺灰、淺藍的隔屏，配上葉色深的竹芋類觀葉植物，不僅色彩鮮明，挺直的葉片有生氣，美麗的斑紋更是注目的焦點。

隔屏上如果有置物架，最好的綠化方式是用又扁又長的花槽種植蔓藤植物。因為隔屏至少有120公分高，擺一般的盆栽，人坐在椅子上，勢必只看到盆子，無法欣賞植栽之美。而蔓藤植物的優點是下垂的莖蔓可以遮掩盆子，也可以使隔屏更加活潑生動，視覺的感受比較輕鬆。

有些辦公室直接用不鏽鋼的花槽作為隔間用，或是隔屏上便裝有花槽，這樣的設施高度大約在100公分左右，植物在配置時要考慮視覺的穿透性。若要有遮蔽阻隔的效果，盆栽就要選60公分以上的，例如中型的攀柱黃金葛、白斑垂榕、蕨葉或細葉福祿桐、馬拉巴栗等，由於是擺在稍高的位置，樹幹基部不要有光著「腳丫子」的露腳現象，看到不美觀的樹幹和盆土。

如果只是作為空間區隔用，建議可以用開花中的中型白鶴芋、火鶴花、聖誕紅、朱蕉等花葉皆美的盆栽，品質上以花朵多葉片豐滿為原則。

辦公桌

　　電腦普及後，為了依靠電腦處理大量資訊，我們每天坐在桌前盯著螢幕看，不僅對眼睛是極重的負擔，身心也容易感到疲累，如果能在電腦旁放幾盆綠色小植物，在眼睛疲累時欣賞它們一下，對消除疲勞有很具體的效果。

　　在個人辦公桌上，綠化可充分發揮想像力與創造力，是個人品味的展現。桌上綠化大都用兩吋至四吋的小品盆栽，這些盆栽葉色葉型多變，小巧玲瓏不佔空間，在桌上不妨擺個兩三盆。原有塑膠盆最好先包裝修飾再擺放，可統一用小藤籃或瓷盆、陶盆作盆套，底部也別忘了加水盤接水。

　　在盆栽的選擇上有時可以看出主人的個性，有人粗獷不拘小節，就適合用個性十足的仙人掌，並用樸素原始的陶盆栽種，也可以用金屬質感的銀色啤酒罐挖洞種植來表現「現代感」。

　　你是否也發現，市面上飲料的玻璃瓶也越做越漂亮了！那些好像留之無用卻又棄之可惜的瓶子，其實是栽培的好容器。剪下一段黃金葛、蔓綠絨、常春藤等蔓藤植物的莖蔓，或是常見能水栽的植物，如五彩千年木、白玉黛粉葉、星點木、粗肋草和俗稱「開運竹」的竹蕉等，直接插入瓶水中即能正常生長。要注意的是：瓶子要放在不易打翻處，否則將是桌上的不定時「水炸彈」，隨時都可能發生「水災」。用銅線或麻繩將數個瓶子綁在一起，分別插進不同植物，不僅可以更加穩固也能多些變化。

　　此外，在辦公桌上也很適合室內「盆花之后─非洲菫」在此生長，它是少數只靠燈光就能開花的盆栽。如果桌上有

檯燈，點燈的時間至少有八小時即可。相信種上非洲菫會使狹小的辦公空間更富情趣。

主管室

主管室的綠化重點是彰顯主管的品味與氣質，要選擇精緻典雅的大型盆栽佈置在角落，香龍血樹（巴西鐵樹）、芹葉福祿桐、黃金新葉蔓綠絨、帝王蔓綠絨、琴葉榕、馬拉巴栗等大型盆栽都很適合。但是主管室辦公家具常見木質桌櫃，顏色較暗沈，所以擺放的植物葉色要明亮，才能使主管室的氣氛不致太沈重。

大型落地盆栽若顯太單調，可以用組合盆栽的方式，在盆裡配植中小型觀葉植物以求變化。例如香龍血樹葉片叢生在莖頂，主幹略顯單薄，可以加上紅緞帶或掛上小型的吊盆植物填補空間，盆中再植入朱蕉（紅竹）、口紅花等植物以增加變化。

如果主管室中有招待訪客的沙發時，小茶几可放中、小型的觀賞鳳梨，不僅

花期持久耐看、照顧方便，又有旺旺來的好兆頭。或是擺上蝴蝶蘭、報歲蘭等蘭花，還能帶來高貴典雅的不凡氣質。

會議室

會議室是集思廣益、意見交流的場所，為了使氣氛融洽，植物是最好的裝飾品。在角落處避免擺線條剛硬，或是奄奄一息的盆栽，容易讓與會的人心情受到不良影響。會議桌通常排成「井」字型，中間的空間恰好可以放中型盆栽，要注意高度不能超過人坐在椅子上眼睛平視的視線，太矮也應予墊高。

植栽的種類應避免葉片稀疏蓬鬆的，如椰子類、孔雀木等。最好選葉片大而有斑紋、葉面平展的植物，例如有明亮黃白斑紋的大型黛粉葉或粗肋草等觀葉植物是最佳選擇。

小型會議桌可直接用淺盆種黃金葛，或用薜荔、山蘇花、冷水花等小型植物組成精緻的組合盆栽。若會議室空間夠大，可以營造一個室內造景時，植栽的選用要考慮會議室是否有使用頻繁而持續不斷的光線，否則就要選用最耐陰的植物如蜘蛛抱蛋、觀音棕竹、翡翠寶石等。設計採用枯山水的方式，利用石塊組成「山」，細卵石鋪成「水」，營造悠遠沈靜的山水景觀，多採用無生命的資材以減少植栽的耗損。

商店空間－強調主題　讓顧客感同身受

　　觀葉植物的活用，已成為許多新式商店櫥窗設計與賣場空間佈置的課題，利用觀葉植物各種姿態與質感，賦予空間不同的情調與趣味。例如SPA、美容美體中心、髮廊等，使用植物營造優雅嫻靜的氣氛。衣飾店夏季配合蕨類與椰子類植物，強調夏季休閒的印象；冬季使用聖誕紅與掛滿裝飾品的垂榕與福祿桐，宣告年節喜慶來臨，這樣讓顧客置身於用植物佈置的環境當中，對商品的訴求會更有感同身受的體驗。

玄關

　　在大門面前，可以用組合盆栽或小型的組合造景，塑造一個視覺的焦點，讓顧客在一整排的商店中可以很快的發現你店面的存在。主體植物以超過150cm高的樹型觀葉植物或造型奇特的千年木類落地盆栽，在地面四周再用低矮的成叢中型盆栽或蔓藤型盆栽鋪圍，因為此處光線通常還不錯，加入觀賞期長的盆花會讓色彩更豐富。

櫥窗

　　配合商品的主題搭配，例如金飾、眼

鏡、鐘錶等，可以用造型較奇特的觀音蓮、虎尾蘭、龍舌蘭、美鐵芋等，強調設計性。服飾櫥窗適合中大型的觀葉植物，配置於四周以柔化修飾櫥窗框架的生硬感。車輛的展示則以大型的組合造景或組合盆栽來襯托展示主題。

店內

展示層架上或模特兒之間，可以保留一點空間放置比較不佔位置的迷你觀葉植物或柱型的落地盆栽。在搭配販售主題上，觀葉植物的演出可以盡情發揮，例如休閒器材店可以使用姑婆芋、羽裂蔓綠絨或白花天堂鳥等葉片大型的植物營造荒野的感覺，嬰幼兒服飾店則適合質感輕柔的蕨類植物或常春藤。

餐廳空間—營造氣氛

　　根據國外的調查，人們在選擇餐廳時，喜歡充滿植物綠意的環境，因為會感受到安祥和諧的氣氛，在此用餐比較輕鬆愉悅。所以餐廳綠美化佈置是整體裝潢設計不可忽視的重點。

　　清新明亮的風格：新式的咖啡吧或義大利麵、美式餐廳、簡餐等店面，通常有著配色清爽明快的的風格，桌椅家具的造型大多簡單俐落，所以栽培觀葉植物的容器亦要作整體考量，以白色瓷盆或不鏽鋼套盆風格比較相符；植物則採用葉片寬大，線條柔順者，如千年木類或天南星科植物，避

免使用枝葉質感太細密零碎的植物。

靜謐優雅的風格：西餐廳、咖啡廳、田園餐廳、鄉野餐廳等主題餐廳，通常需要營造安靜祥和的氣氛，多使用蔓藤吊盆與枝葉柔軟、葉片細緻的觀葉植物，如福祿桐、斑葉垂榕、星點木等中大型盆栽，與波士頓腎蕨、鐵線蕨等蕨類，感覺特別溫婉。水竹草葉色青翠、冷水花嫩綠細緻，懸掛起來隨風搖曳，景象將更加柔美。

熱鬧歡樂的風格：酒吧、啤酒屋、美式餐廳、速食餐廳等，主題強烈、有特色，通常需要塑造強烈的視覺感受，植物便適用葉色鮮豔華麗的種類，如變葉木、千年木、黛粉葉、粗肋草等，尤其是葉片有羽狀花紋的竹芋類更是首選。

傳統古意的風格：中式農村主題餐廳、茶藝館、日式餐廳等，如果空間陳設富有傳統風格，可以用陶瓷盆器以水耕方式栽培觀葉植物，種類選擇上如果家具背景色彩較暗，植物就要選葉色明亮的種類，如黛粉葉、粗肋草等。觀音棕竹、蜘蛛抱蛋（葉蘭）、尖尾芋（佛手芋）、山蘇花等，原本就是本地原產的植物，應用起來更能符合主體。

此外竹子常是中日式設計風格的植物元素之一，但是竹子生長需要光線，應用在室內無法長久，所以可用形貌接近的開運竹、星點木、油點木、福祿桐等觀葉植物替代。

戶外環境觀葉植物應用重點

觀葉植物大多數都適合生長在不受陽光直射的陰暗環境，少數種類具有較大的適應性，可以逐漸適應全日照的光線，在戶外陽光下栽培應用也沒有問題，像馬拉巴栗、福祿桐、鵝掌藤、朱蕉等。但是觀葉植物在戶外應用最大的價值，還是在耐陰的特性，使他在光線不足的戶外場所，如建築陰蔽處、狹窄的大樓中庭、大樹樹蔭下與昏暗的後院都有很好的表現。

陽台

陽台是公寓式住家一個栽培植物的好場所，可以讓生長在室內昏暗環境的植物，有休養生息的地方，如果巧於設計與佈置，也是一個很好發揮的舞台。可以利用女兒牆當作遮擋直射光的屏障，在角落擺上一株高約1.5~2公尺、比較大的樹形盆栽，如椰子類、榕樹類或五加科中的福祿桐、澳洲鴨腳木等，大葉子的白花天堂鳥也很好，只是比較不耐強風；主要植株的周圍再利用配景的手法在鋪圍其他中小型的觀葉植物，互相遮掩容器、襯托造型與色彩，一個操作簡單、效果突出的觀葉植物組景就完成了。在室內客廳休憩時，如果能夠透過落地窗欣賞這樣的小景致，會有室內空

間延伸、將綠意帶到家中的功效。

大樓中庭

　　高聳的集合住宅之間，常有許多綠地配置其中，但是因為建築遮擋了陽光照射，讓這些綠地常因光線不足，而使草花、花木、草皮生長不良的缺點。改善的方法就是換植具有耐陰性的觀葉植物，但是在設計上要注意，觀葉植物普遍不耐風，對乾燥較無忍受力，部分種類耐寒性不佳，如果在密閉的中庭空間生長情況通常還不錯，但是在開放式的中庭，生長表現較不理想。

庭院

　　庭園如果有牆籬或樹蔭所營造的陰暗小空間，當然就是觀葉植物的秀場，可以選用耐候性特佳的種類，例如黃金葛除了鋪地之外，還能爬樹攀壁美化立面；鴨跖草類生長迅速，葉色又鮮明；千年木類較有高低層次；朱蕉、五彩千年木、檸檬千年木等會讓庭院中有令人注目的焦點。

二、適合的栽培環境

所有植物在被引為園藝應用之前，都有原生環境，它們在原生環境所以生長良好，因為光線、溫度、水分都很合適；這樣的特性，在馴化為園藝栽培時，也有相對應的生長習性。了解植物的習性，給與適當的生長條件，就不怕植物養不活了。

日照

觀葉植物擺放在室內，成功的關鍵就是「適得其所」，每一種植物都有他習慣的光線環境，有的耐陰性強，有的需要明亮，還有少數的種類適應性超強，可以忍受變化較大的光照度。所以室內要開始佈置綠化，第一步就是要觀察即將要擺放植物的地方光線如何？觀察好再買對植物，那養好的機率就會有八成以上了。

明亮

室內最明亮的位置就是落地窗或窗戶旁，以及可以接納天光的內庭或是室內延伸到露台、陽台的「陽光屋」Sunroom。大多數的植物都適合放在這個環境，優點是光線充足，葉色會濃綠、色彩更加鮮明，植物的效果能突顯，甚至開花植物也可以正常的開花，花期持久而且色彩亮麗。但由於植物有向光性，植株枝葉會偏向光源生長，如果有這種情形，大約一個禮拜就要幫盆栽轉向。隨著陽光的照射時間長短與強度，常會有高溫悶熱的情況，應多留意病蟲害。尤其是西邊窗戶，夏季的西曬常會過強，必須要有窗簾遮光。

散射光

房內光線明亮處，大約是不必點燈也能閱讀書報的位置。例如客廳距離窗邊

散射光的耐陰環境
白網紋草、粗肋草、開運竹、福祿桐、白鶴芋、合果芋、琴葉榕、袖珍椰子、蔓綠絨、蕨類植物、黃金葛、姑婆芋、千年木

1、2公尺的茶几或桌櫃處，雖有散射光線，但不是十分明亮的位置，此處較適合擺放生長較慢、耐陰性較強的觀葉植物，例如粗肋草、開運竹、千年木等，也可以跟窗邊植物隔週輪流擺放。

陰暗

　　室內的裡側最昏暗的位置，甚至是完全沒有自然光的地方，此處並不適合種植植物，除非能夠定時點燈照明。要將植物放在燈的正下方，每天開燈8～10小時以上。桌上型盆栽可以放在檯燈下方30公分處照明。雖然如此，能夠與光線好的位置的盆栽，定期輪換還是最好的方法。光源使用一般日光燈即可，投射燈或鹵素燈會產生高溫，要注意與植物保持50公分以上，以免葉片灼傷。

室外全日照環境
彩葉草、變葉木、朱蕉、王蘭

昏暗環境
觀葉植物每隔一段時間要更換

明亮的半日照環境
冷水花、紅網紋草、薜荔、常春藤、鵝掌藤、竹芋、蓬萊蕉、腎蕨、椒草、觀葉海棠、澳洲鴨腳木、吊蘭、黃椰子、黛粉葉、黃金葛、垂榕、橡膠樹、觀賞鳳梨、彩葉芋

溫度

多數觀葉植物都生長在熱帶、亞熱帶地區，因此普遍都耐熱，少數較怕冷。室內通常是溫暖的環境，對觀葉植物較不成問題，唯要注意的是不要擺放在冰箱、電視、開飲機等會發熱的電器附近，以免影響植物的生長，尤其是盆栽放在熱源上，會造成根部生長不良。放在陽台或庭院的觀葉植物，在冬季時須注意生長狀況，尤其寒流來的時候一定要移置到屋內。

澆水

室內環境恆溫、恆濕且無陽光曝曬，水分的蒸發慢，澆水的頻度須比戶外的植物少許多。尤其葉片厚的植物比較耐旱，可以撐到葉片稍垂的時候再澆水；小型盆栽可以拿在手上掂一下重量，發現變輕就澆水。

澆水的時候用尖嘴澆水壺澆，可以避免水溢流四處，或者直接在接水盤裡灌水，但應注意等水盤乾

澆水的時候用尖嘴澆水壺。

了再給水，且水位高度不宜超過整個盆子的1/6或1/5，以防根部浸水腐壞。

也可以在盆與水盤間置放發泡煉石，看起來較乾淨而且能防止蚊子孳生。此外隨時在葉面噴水可以保持葉子光鮮亮麗，促進新芽生長，還能預防蟲害，真是一舉數得。

介質

因為耐陰的觀葉植物常生長在落葉多的森林底層，土質較為鬆軟，通氣性好，為了模擬這樣的土壤特性，觀葉植物栽種以人工調配的「培養土」為主，培養土以泥炭土或椰纖為主要材料，其中加入少量的蛭石或珍珠石，具有清潔疏鬆的優點。如果觀葉植物要栽培在陽台或戶外空間，因為水分蒸散量大，且要考慮風吹傾倒的重量問題，可以壤土為主，混合一半或三分之一的培養土。

施肥

以觀葉植物專用肥為主，其中氮肥的比例較高，促進根莖細胞壁增厚的根莖肥－鉀肥，以及必要元素磷肥也都不可缺。否則光用氮肥（如尿素）植株會太過柔弱，看起來只是虛有其表的「飼料雞」。

施用的方法除了有速效性的液體肥料外，還有長效性的固態肥。幼苗期或扦插已經長根的時候可以放液態肥，吸收較迅速直接。平時只需要在盆邊，或趁換盆的時候在盆底施放固態肥即可，可以維持幾個月的時間，照顧起來較輕鬆。使用的肥料種類以化學肥料為主，具有清潔、效果顯著的優點，但是一定要適量使用，以免造成肥傷。

如果栽培在戶外，就可以使用對植物與環境都好的有機肥，不過有機肥較容易有異味並引來瘦蠅（小黑蠅），因此不建議在室內使用有機肥。

發泡煉石　麥飯石　蛭石　珍珠石

培養土

三、移植、換盆step by step

觀葉植物平均生長較慢，大約1～2年換一次盆即可。如果植物跟盆器呈現頭重腳輕的不均衡比例，或者植株從不斷旺盛生長一段時間後，突然生長停滯甚至有日漸衰弱的現象，就表示盆器內所能容納的水分，不足以平衡葉片所蒸發的水分，而且盆內累積的根部代謝廢物與殘留肥料過多。而盆底有根長出來，或是盆土表面看到根，也都是該換盆的徵兆。

換盆的時候要注意，盆器的大小選擇應以循序漸進為原則，盆器如果過大，根系生長會過於細長，但是不夠旺盛，反而影響根部的吸收效率，植株就不會生長旺盛。另外，也要挑選能夠配合造型需要的盆器，高挑體態的配合瘦長盆器，低矮匍匐的種在寬盆比較好看。

換盆Step by step（以波斯紅草示範）

材料：鏟子、培養土、顆粒肥、新盆、剪刀、發泡煉石

步驟：

1. 在新盆內倒入約一指節厚的發泡煉石做排水透氣層。
2. 放入新的培養土當底土，底土的厚度就是將新植物放入後，新植物土團的表面與新盆的八分滿高度一致。底土內可以混入少許肥料，確實遵照使用說明的分量，將顆粒肥置入後攪拌，當做生長的基礎肥（基肥）。
3. 舊植物如果是種在塑膠盆內，可以將盆子輕捏就可以輕鬆取下。如果是瓷瓦盆，就用塑膠尺順著盆壁慢慢將盆土鏟離盆子。檢視根部如果有糾結盤根，可用剪刀稍微將糾結處及老化枝幹修除掉。
4. 把植株置入新盆中央，四周填入培養土。
5. 拍拍盆子四周讓土沉陷，逐步加土到盆的8～9分滿處先澆水，如果盆土有陷下去就再添少許的土填平。
6. 最後種好的深度大約是土壤離盆面仍有1～2公分的高度，好讓澆水時能暫時裝盛水分慢慢滲流下去。

Tips如果替葉片較薄或者有大幅度修根的植物換盆，初期可能會有脫水現象，要特別注意水分的供給，葉片也要噴水保濕。

四、各種繁殖法

觀葉植物一般可採分株、扦插（莖插、葉插）、壓條法繁殖。分株法適用於從基部直接分枝或長葉的植物，例如粗肋草、竹芋類、波士頓腎蕨等；扦插法多用於草本的觀葉植物；木本觀葉植物多用空中壓條法（簡稱高壓法）；葉片肥厚的觀葉植物用葉插法。

分株法Step by Step（以竹芋示範）

當植物長得太過擁擠就應該要進行分株了，分株不要分得太細散，原則上是對分，如果份量真的很多，分三等份亦可。儘量要保留完整的根系，種植時不要埋太深，完成種植後注意澆水與噴水保濕。

材料：剪刀、空盆和介質。
1.將竹芋整株取出，可看到根系已十分緊密。
2.從介質中間剖開，若根系太緊密可用剪刀部分剪除。但分株後要特別注意水分提供。
3.剖分成兩株。
4.各自放進不同盆器，填滿介質並輕壓。
5.以尖嘴澆水器澆水，並於葉片噴水保濕。

平鋪式莖插法step by step（以聚錢藤示範）

　　利用一段莖部的扦插繁殖方式稱為莖插法，草本觀葉植物使用生長旺盛的新梢；木本觀葉植物還可以使用成熟飽滿的枝條；蔓性且容易長氣生根觀葉植物用平鋪式的扦插法，可以說是壓條法與扦插法的融合，利用匍匐枝條節處容易發根的特性，將枝條平鋪於介質上，可以達到迅速生長、縮短育苗期的目的。

材料：7吋吊盆、新培養土、剪刀
1.將生長旺盛繁茂的聚錢藤枝條剪下數段，每段大約5~7公分長，必須帶有數枚葉片。
2.可以仔細觀察到莖節處已經有氣生根了。
3.將整段枝條平鋪在介質上，基部可以插入介質中，務必要讓莖可以接觸到介質，才能讓氣生根伸入介質中。
4.完成後噴些水就可以了。
5.嬰兒的眼淚、毛蛤蟆草、水竹草、吊竹草等種類，需要將莖基部埋入介質中。串錢藤、弦月、綠之鈴、愛之蔓等多肉質的種類，不必埋到莖葉，否則容易造成腐爛。

莖插法step by step (以油點木示範)

　　用莖枝扦插，最重要的是水分的供需平衡。因為剪下的莖在還沒長根前，葉片仍然在蒸散水分，如果蒸散量大於吸收量，植物就會枯萎，或是掉光葉片以求自保。所以一般的作法是剪掉部分葉片，減少水分流失，並且用噴霧、放在陰涼處等方法增加成活率，但是這樣進行會有植株成活到長成美觀有一段空窗期，所以採用先插在水中促進生根，再移到盆中的水插法，就成為一種速效的繁殖法（莖部多肉質的觀葉植物較不適用，如粗肋草、黛粉葉等）。

材料：裝水容器、剪刀、塑膠盆、新培養土
水耕
1.剪下成熟的油點木枝條，因為插在水瓶中也有觀賞效果，所以莖長短視容器造型與未來應用高度而定。
2.直接插在清水中，然後擺在室內明亮處。每週都換水，大約2~3週可以發根成活，再移到介質中就有現成的美觀盆栽。
土耕
1.如果要插在介質中，葉片就要剪半，以減少水分蒸散。
2.一個盆子多插幾枝，以後長起來才茂密。
3.操作好澆水就完成了。

水耕**1**　水耕**2**　土耕**1**　土耕**2**　土耕**3**

葉插法step by step（以乳斑椒草示範）

葉片肥厚的觀葉植物，如虎尾蘭、椒草、油點百合等，可以用葉插法。蛤蟆秋海棠是非常特殊的類型，在濕度高的環境，葉片只要接觸到介質上就非常容易生根發芽。

材料：剪刀、刀片、新盆、培養土、澆水壺
1.葉子開始長多就能做葉插繁殖。
2.於椒草頂端一分枝點剪下。
3.用銳利的剪刀或刀片取下肥壯的葉片，葉柄只要1~2公分長。如果葉柄有汁液流出，可以等傷口乾再進行，否則直接操作即可。
4.將葉子直接插入介質裡，不用太深，只要能站住就行了。為了讓未來長成就能美觀，可在盆內扦插三片葉子。
5.最後別忘了澆水。一般葉插法生長較慢，看到有芽長出大約要一個月左右，需要有點耐心。
6.葉插繁殖一年後的成長情形。（圖為紅娘椒草）

壓條法step by step（以福祿桐示範）

　　草本的觀葉植物一般扦插發根性都很強，不太需要使用操作較不方便的壓條法，例如常春藤、黃金葛等蔓性植物，用扦插法反而迅速有效。

　　木本的觀葉植物部分種類扦插發根較困難，或是操作時葉片需大幅度修剪，而影響成活後的形貌，這種情況使用空中壓條法（簡稱高壓法），就能彌補這個缺憾了。福祿桐、五彩千年木、榕樹類等，多利用這個方式繁殖，具有成活率高，苗株型態美觀的優點，但是有無法大量繁殖的缺點。

材料：刀子、塑膠袋剪開、繩子或鐵線、水苔
1.取成熟的枝條，觀察造型姿態，可以先揣摩未來成活種植後形貌，再來取決下刀的位置。
2.用利刃將樹皮行環狀剝皮，操作的方法是在莖皮上環繞劃兩刀，兩刀的間隔大約2~3公分，中間再縱剖一刀，就可以將皮整圈剝下了。也可以直接用刀切割進莖部的一半，再用小石子卡在中間，以免切開的傷口又愈合起來。
3.環狀剝皮必須確實切除到木質部分，如果只有剝掉薄薄的一層表皮是不容易發根的。
4.取一握水苔，要先浸水後捏乾，然後將水苔包裹在環狀剝皮的部位。
5.水苔球外面再用塑膠袋或錫箔紙整個包起來固定住。
6.水苔球上下兩端用鐵絲綁緊，不要讓水滲進去，以免水苔太潮濕讓傷口或剛長出來的新根腐爛。
7.這樣就完成了，大約2~3周就發根成活，一個月就可以剪下來定植了。
8.從水苔球下端剪下，水苔要完全去除，將苗株依照一般種植程序上盆種植，就有一盆不用花錢買的新盆栽。

五、病害防治

五、病害防治

放在室內通風較差的位置或較昏暗處的植物，體質比較虛弱，發生病蟲害的機會也相對提高。

病害

植株有黃葉、爛葉、潰爛時，應先檢視盆底是否積水，或者太常澆水，讓根部浸泡腐爛。如果葉片末端枯掉就已經警示太過潮濕了，可以先順著葉形將枯處修除，並且改善澆水狀況，等一段時間如果仍未恢復，而且還有擴大現象，則表示是有傳染性的病害，這時只能噴灑農藥防治了，否則只好消極的隔離丟棄。如果是相當珍惜的植物，要力求醫治的話，可以直接將有病徵的部分拿到農藥行或農業事業單位做專業的診斷，並且對症下藥。

蟲害

如果老葉枯枝任意堆積盆內，或者添加發酵不完全的有機肥，容易會有瘿蠅在盆裡繁衍的問題，雖然不至於危害植株，但會對人造成環境衛生上的困擾。通風不良的環境特別容易有介殼蟲、紅蜘蛛的危害。植株的葉子若過於茂盛，可以疏葉預防介殼蟲。時常在葉片、尤其葉背噴水，可以預防喜歡乾燥的紅蜘蛛著生。發現有蟲子生長的時候，可以用牙刷沾肥皂水將之刷除。其餘的害蟲在室內很少發生。

圖片提供／玉田地有限公司　　　　紅蜘蛛

六、植株修剪、季節性的整理

大多數的觀葉植物都不需太常修剪，頂多是將太過繁茂或者枯枝、老葉、弱枝修掉。修除抽高的莖部可以抑制高度、增加分枝。植物長得太大不好看，也可把枝條剪下扦插繁殖，例如黃金葛。

植株葉子過於緊密應修剪。

剪去因擠迫而枯黃的葉片。

枯葉須修剪才能維持美觀。

可依原來的葉形剪去乾枯部分。

室內觀葉種植選介

第三章

翠玉龍舌蘭
Agave attenuata

龍舌蘭

線形或劍形的狹長葉片生長於木質化的莖幹上，線條變化優美，是龍舌蘭科的觀賞重點。分布全球溫暖處，有些演化成多肉植物型態，大多原生於熱帶雨林溫暖潮濕環境。它們的生命力強韌，生長較慢，生命期長，常見種植數十年的高大植株。

原產於美國南部到墨西哥乾燥氣候地區，葉片厚硬，十分耐旱，多被當成多肉植物應用。觀賞重點為工整、對稱的葉片排列，放射狀葉片尖且有刺，具有豪邁剛強的雄壯感，適合做為講究品味的店面擺設。為多年生草本植物，葉子本身有寬窄、狹長、尖刺、湯匙狀、斑紋的變化，也有柔軟薄葉的品種。

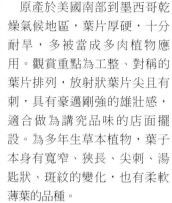

栽培

多數品種需要全日照，但由於生長緩慢，可以放在室內一段時間也不致徒長變形。尤其葉薄的品種稍具耐陰，姿態也較為柔和。耐旱性強，大約2~3周澆一次水就足夠。

應用

金屬容器的剛硬質感，與黑白素色容器皆很適合；瓦盆可以表現龍舌蘭的穩重感。盆器寬度稍小於植

鑲邊龍舌蘭
Agave angustifolia cv.
Maginata

初綠龍舌蘭
Agave ellemeetiana

株，讓葉片能夠伸展出盆器範圍之外較美觀。如果怕被刺到，可以選擇比較大型且瘦高的盆器。由於部分品種葉端、葉緣具尖刺，具有潛在危險性，有兒童之居家不宜擺放。

繁殖

分株或播種皆可。莖基部會分蘗或地下走莖萌生仔株，可以切下來繁殖。

龍舌蘭 *Agave desmettiana variegated*

龍舌蘭科

酒瓶蘭

學名：*Nolina (Beaucarnea)*
英名：Pony tail palm

酒瓶蘭
Nolina recurvata

幹基部肥胖成酒瓶狀而得名，成株基部會逐漸變為扁球狀。幼株莖幹短，隨成長而增高，一般為單幹少見分枝。葉片質感細緻，如頭髮般從莖頂長出，葉片挾長四散下垂，亦有葉片捲曲的品種。規格有3吋小盆栽、1尺落地盆，或者庭園景觀用的高2公尺以上的植株都有。

捲葉酒瓶蘭 *Nolina*

酒瓶蘭幼株
Nolina recurvata

酒瓶蘭成株開花
Nolina recurvata

栽培

耐旱性強生長緩慢，忌盆土潮濕，只要適時澆水即可。長期放在陰暗處，會有新葉柔弱的現象。

應用

從莖頂處將葉片剪除後，新長出的幾撮葉片可做造型變換。比較小的植株除了單盆栽種外，也可以跟多肉植物搭配做組合造景。種在戶外較有開花機會。

繁殖

用播種法，但種子取得不易。

龍舌蘭科

龍血樹

龍血樹(千年木)
學名：*Dracaena*
英名：Dracaena

龍血樹

龍血樹因生命力旺盛，體質強健，在室內應用觀賞耐久，因為需求量大，所以品種豐富，園藝界還在不斷的育種開發中。依照型態可概分為七大類：香龍血樹、星點木、百合竹、千年木、竹蕉、紅邊竹蕉、千年木、龍血樹。

栽培

全部都可放於室內，百合竹、番仔林投、五彩千年木與香龍血樹等種類可以逐漸適應全日照環境。

一般在介質乾後再澆水即可，其中龍血樹及百合竹耐旱性強。星點木不耐旱，太乾會落葉。如果介質太過潮濕，致使根尖受傷腐爛時，會有葉梢焦枯的情形，尤其是千年木與五彩千年木較易發生，這時應直接順葉尖修整即可。

少有病蟲害侵襲，偶有粉介殼蟲危害，只要用沾肥皂水的抹布擦拭即可。

繁殖

皆用扦插、高壓法繁殖。以扦插為主，用橡皮筋將葉片紮束以減少水分蒸發，然後插於介質中即可。亦可直接插於水中，不僅美觀且發根更迅速。

龍血樹

學名：*Dracaena draco*
英名：Dracaena

又名千年木，在原產地成長至數百年甚至千年皆有，為單子葉植物中罕有的長壽者。外形像王蘭，但葉片質感較柔韌，不像王蘭尖硬挺拔。

耐旱性強，喜好全日照環境，半日照亦能正常生長。太陰暗葉叢容易徒長鬆散。

多為1呎落地大型盆栽，適合種於造型大方簡潔的陶瓷容器內，強調粗獷強悍的個性。

龍舌蘭科

香龍血樹

學名：*Dracaena fragrans*
英名：Corn Plant、Lucky Plant

香龍血樹
Dracaena fragrans

又名巴西鐵樹、幸運樹。中南美洲是主要生產地，其他國家進口樹幹後再水養或扦插，待長根發芽後就很美觀。莖幹粗葉片寬大，在大型空間中綠化效果佳。戶外栽培在春秋兩季容易開花，花朵芳香濃郁。

栽培

水耕栽培需定時換水，不要放在電視機等熱源上。葉片上經常噴水保濕可促進生長並增加美觀。

應用

祝賀開幕、喬遷最常用的花禮，有桌上型的組合與落地型的大型盆栽，以不同高度的莖幹做搭配，層次分明落落大方。亦有單賣一段樹幹的商品，買回豎立在水盤中即可。

鑲邊香龍血樹 *Dracaena fragrans cv.*

千孤香龍血樹 *Dracaena fragrans cv. Massangeana*

龍舌蘭科

星點木

學名：*Dracaena godseffiana*
英名：Gold Dust Dracaena、Florida Beauty、Spotted Dracaena

美麗星點木
Dracaena godseffiana
Florida Beauty

　　原產中非雨林。它的型態與其他千年木類完全不同，葉片比例寬大，輪生於纖細的莖上，枝條柔軟略為下垂，別具柔美韻味。春夏開花後易結紅色的果實。

栽培

　　耐陰性強，不耐強烈日照。喜好濕潤環境，空氣乾燥是大敵。剪下枝條插在水中十分容易發根。

應用

　　姿態瀟灑可代替竹子使用，分枝旺盛與鮮明的斑紋在組合設計中，能發揮醒色與填補空間的效果。水耕趣味栽培或當切花花材使用亦很普遍。

星點木
Dracaena godseffiana

油點木
Dracaena surculosa

銀河星點木 *Dracaena godseffiana* Milky Way

龍舌蘭科

百合竹

學名：*Dracaena reflex*
英名：Song of India、Song of Jamaica

中斑百合竹
Dracaena reflex cv.
Song of India

中斑百合竹 *Dracaena reflex cv. Song of India*

　　葉片像百合葉而得名，生命力最為強韌，室內外均可栽培利用，成株莖幹葉片易脫落，形成特異的姿態。

栽培

　　生長緩慢，但相對的在環境不佳的場所應用，美觀也能維持較久。耐旱性強，忌盆土積水。

應用

　　以落地大型盆栽與扦插單芽的3吋盆栽為主。大型盆栽適合寬大的空間使用，低維管的特性使他在辦公環境或商場表現傑出。3吋規格多作為組合盆栽材料。

鑲邊百合竹
Dracaena reflexa cv.
Song of Jamaica

番竹林投 *Dracaena angustifolia*

龍舌蘭科

竹蕉

學名：*Dracaena sanderiana* cv.
英名：Ribbon Plant、Lucky Bamboo

銀邊竹蕉
Dracaena sanderiana cv.

葉質如蕉、莖部有節似竹而得名，是千年木類莖部不木質化的種類，所以可用栽培技法，將莖誘引成彎曲的造型。有綠葉、黃斑及白斑品種，即市面上俗稱的綠竹、黃竹及白竹，其中以綠竹為多。因為有著萌芽力強、節節高昇的寓意，所以又稱為「開運竹」。

金邊竹蕉*Dracaena sanderiana*

栽培

目前水耕栽培較廣泛，斑葉品種株勢較弱，多用盆栽方式栽培。耐陰性強，環境濕度大可促進生長。

應用

綠葉竹蕉目前使用方式以水耕為主，通常栽培於苗圃內，待長到一定程度後切下當花材，傳統保留綠葉的規格，適合神明桌、客廳等處擺飾，綠意較足。剝除綠葉的規格，多用於送禮使用，欣賞新芽萌發的生命力。

銀線竹蕉
Dracaena sanderiana cv.

綠葉竹蕉*Dracaena sanderiana* cv. Virescens

龍舌蘭科
紅邊竹蕉

學名：*Dracaena marginata*
英名：Madagascar Dragon Tree、Rainbow Tree、Red-Edged Dracaena

彩虹千年木
Dracaena marginata cv.Tricolor

又稱五彩千年木，高度可達3公尺。葉片狹長，葉兩側有紅邊，枝幹下部的葉片容易掉落，只餘枝端放射狀生長的葉叢，整株看起來像迸裂四散的煙火。

葉叢的造型。目前盛行用牽拉的方式將莖幹做成彎曲歪斜的造型，整體感亦更加摩登。規格有扦插單枝葉叢的3吋小盆栽與1呎盆以上的造型大盆栽。

栽培
適合全日照到半日照的環境，光線充足葉色會更加鮮明。光線不足色彩黯淡、葉片也容易萎軟下垂。稍具耐旱性，根部潮濕容易有葉端枯焦的現象。

應用
天然枝條直立，分枝角度小，常呈平行成簇的分枝，造成擁擠雜亂的現象，可以剪下密集、細弱的枝條，強調主幹

紅邊竹蕉
Dracaena marginata

五彩千年木 *Dracaena marginata* cv.Tricolor

龍舌蘭科
千年木

學名：*Dracaena deremensis*
英名：Striped Dracaena、Dracaena

密葉千年木
*Dracaena deremensis cv.*Compacta

亦稱竹蕉。線形葉子呈放射狀生長，排列疏落有緻。線條優美質感細緻，有不同的線條斑紋，如白斑、黃斑以及翠綠等葉色的豐富品種群。因環境適應性強且對病蟲害有抵抗力，成為公共空間室內綠美化的要角。

栽培

耐陰性強，不耐烈日曝曬，環境濕度高對生長有助益。葉片不易脫落、壽命持久，常期擺放葉面上容易累積灰塵污垢，必須定期擦拭以維持美觀，並能促進生長。

應用

葉叢較大，僅密葉千年木有生產3吋規格，其餘以7吋至1尺盆為多，高度從50公分至150公分不等。適合放在轉角處或矮櫃上，觀賞效果最佳，密葉千年木生長緩慢且耐陰性最強亦能忍受日照，不論是室內外都能使用。

銀紋千年木
*Dracaena deremensis cv.*Warneckii

白紋千年木
*Dracaena deremensis cv.*Bausei

密葉銀線千年木
*Dracaena deremensis cv.*Warneckii Compacta

檸檬千年木
*Dracaena deremensis cv.*Lemon Line

黃緣紋千年木*Dracaena deremensis* cv. 'Roehrs Gold'

短葉虎尾蘭
Sansevieria trifasciata cv. Hahnii

虎尾蘭

葉片狹長斑紋如虎故名之。多年生肉質草本植物，原產於非洲乾燥地區，葉片從發達的地下根莖延伸叢出，葉型、葉斑變化多，應用範圍廣泛。

栽培

正常生長需要全日照至半日照環境，但是因為生長緩慢不易壞損，縱使在室內環境也可以擺放欣賞很久的時間。耐旱性強，最忌盆土潮濕、環境濕悶。

黃邊短葉虎尾蘭
Sansevieria trifasciata cv. Golden Hahnii

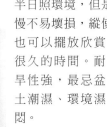

應用

造型如熊熊火焰，也像柔軟的海草，所以兼具剛強與柔美。以單一品種密植栽培為主。長葉品種適合高盆，短葉品種適合扁盆。容器宜選配簡潔風格的，最能突顯葉片質感。

石筆虎尾蘭
Sansevieria stuckyi

銀葉短葉虎尾蘭
Sansevieria trifasciata cv. Silver Hahnii

繁殖

採分株、葉插繁殖。地下走莖會發芽，長滿的時候就必須分株，否則可能會將塑膠盆器擠破。葉插繁殖取成熟葉片，切成7～10公分的一段扦插，但生長非常緩慢，且鑲邊、斑葉的品種葉插繁殖，新長出的植株葉色會變成原本綠色樸素的樣貌，所以採分株繁殖較好。

銀邊短葉虎尾蘭*Sansevieria trifasciata* cv.

虎尾蘭 *Sansevieria trifasciata*

棒葉虎尾蘭 *Sansevieria cylindrica*

黃邊虎尾蘭 *Sansevieria trifasciata cv.Laurentii*

黃邊寬葉虎尾蘭 *Sansevieria trifasciata cv.*

王蘭

斑葉象腳王蘭
Yucca aloifolia var.

形狀跟龍舌蘭一樣，但有明顯的莖幹。種在戶外每年都會開花，鈴鐺形花朵從末端開出。姿態剛強有個性，較適合商店櫥窗或室內大空間內擺飾。

栽培
全日照與半日照皆可，光線不足易徒長、染病。耐旱性強，忌盆土潮濕。

應用
可與仙人掌、多肉植物等組合設計成美國西部風光主題造景。單株宜用質感厚重的容器栽培，以取得視覺上的平衡。

象腳王蘭 *Yucca elephantipes*

象腳王蘭 *Yucca elephantipes*

| 龍舌蘭科 | 學名：*Cordyline* |
| 朱蕉 | 英名：Ti、Cordyline |

迷你朱蕉
Cordyline terminalis cv.
Baby Ti

　　原產於東亞至太平洋。多年生常綠灌木，葉片大色澤光亮，長於莖末端，質感有如香蕉葉。莖的下部光禿，有一節節的莖節，故又稱為紅竹。栽培歷史相當久遠，中國古代稱朱蕉為鐵樹。朱蕉很受太平洋群島歡迎，廣泛將它扦插於村落房子的周圍驅邪。在台灣，因為它在冬季特別紅，常做為過年應景喜慶使用。

　　葉形寬窄長短、葉斑色彩與植株高低等差異相當大，品種繁多。多數較適合戶外使用，

彩虹朱蕉*Cordyline terminalis cv.*Tricolour

闊葉朱蕉*Cordyline terminalis cv.*

紅葉朱蕉*Cordyline terminalis cv.Aichiaka*

葉色深的品種可耐陰於室內栽培。

立葉朱蕉
Cordyline terminalis cv.

白馬朱蕉
Cordyline terminalis cv.
Hakuba

栽培

稍具耐旱性,對風吹雨打日曬的抗候性強。紅葉、斑葉的品種在光線充足且日夜溫差大時,葉色會更加鮮明亮麗。

應用

是長年供應的切花花材,單是插在花瓶內就能長根,觀賞很長的時間,等顏色褪去再更新。顏色是朱蕉的賣點,以盆栽及庭園觀賞為主,高可達2～3公尺,盆栽種植7吋盆,扦插3~5枝就很豐盛。

繁殖

以扦插或高壓法繁殖。扦插時取莖端葉叢茂密的部分約15公分長,插在水中即可。沒有葉子的老莖也可以剪成10~15公分一段扦插餘盆中,唯生長較慢。

高壓法則在莖部切約莖直徑1/3深的一刀,用小石頭將傷口撐開,拿水草浸水捏乾後包覆於切口上,最後用塑膠布捆紮,一個月後長根即可切剪下種植。

五加科	學名：*Dizygotheca elegantissima*
孔雀木	英名：False Aralia

孔雀木成株葉片
Dizygotheca elegantissima

五加科

木本常綠灌木或喬木，部分為藤本，品種很多，但都為掌狀裂葉，生命力很強，從溫帶到熱帶皆有，產地以亞洲為主，很多品種如人參、五加等都具有藥效。

孔雀木*Dizygotheca elegantissima*

密葉孔雀木
Dizygotheca elegantissima cv. Castor

　　常綠灌木，原產於太平洋群島。分枝細密、外形秀氣細緻，葉片深褐近黑色，葉型掌狀深裂像孔雀開屏。葉色與株型十分獨特。栽培應用的孔雀木其實是處於幼年時狀態，但日漸成長時葉子會變大變寬，尤其以戶外種植最為明顯。

栽培

　　植株小時耐陰，可以擺在窗邊，也可放在屋外牆角，但不能夠置於太陰暗處。土乾就要澆水，缺水容易掉葉，如果土壤過於潮濕，根部腐爛也會落葉。

應用

　　多為7吋盆與1呎盆的規格，高1公尺至150公分，尤以150公分為多。葉子細碎，擺放空間的背景不能太複雜，適合擺在白牆邊可看性最高，多為單獨栽植，取其他植物搭配效果不彰。

繁殖

　　扦插或高壓法繁殖。

常綠蔓藤植物，原產於歐亞溫帶地區，莖上會長不定根來攀附物體，磚牆或石頭都很適合。常春藤質感柔細，品種很多，是主要的室內吊盆植物。最常見的是歐洲常春藤，以及葉片較大的加拿列常春藤。歐洲常春藤葉型繁多，有楓葉、心形、菱形、皺葉等變化，色彩有全綠、斑葉、網脈等斑紋。

栽培

雖然能適應全日照環境，但因為台灣夏天太熱，全日照伴隨高溫使常春藤生長衰弱，且易感染病蟲害，所以在室內半日照環境栽培較佳，或者室外背光的牆面亦可。太暗的環境斑葉不明顯，觀賞價值

常春藤 *Hedera helix* cv.

加拿列常春藤 *Hedera canariensis*

降低。不耐旱，葉片缺水就會枯萎，但盆土積水根部易腐爛，所以土乾再澆水即可，經常於葉面噴水有助於生長。

應用

分為5~7吋吊盆與3吋迷你盆栽兩種樣式。吊盆姿態優雅，不論單獨垂吊或掛貼於壁面，都能欣賞柔美的藤蔓。善用常春藤的莖蔓順著攀爬架牽引攀爬成綠雕，也是一種新的應用方式。小型3吋盆最適合用在組合盆栽，單獨擺放也很小巧可愛。

繁殖

取2節稍微成熟但尚未木質化的莖做插穗，春季扦插成活率高。

病蟲害

常春藤枝葉茂密且夏天怕熱，如果葉表不綠，又出現粉粉霧霧的狀況，掀開葉背常能發現紅蜘蛛。也會出現根腐病，只要先拔除腐壞的莖，再使用殺菌劑即能防治。

福祿桐

斑葉福祿桐
Polyscias paniculata cv.

原產於熱帶美洲到太平洋群島的常綠灌木，品種豐富，多以葉形定名，其他還有斑葉變化的品種。福祿桐耐陰性很強，姿態優雅，造型有變化。一般樹形盆景在室內不易存活，但福祿桐卻可以。市面上又將福祿桐稱富貴樹或川七，川七名稱與中藥的川七混淆不清最為不妥。

栽培

光線適應性強，能適應太陽直射，也能在馴化後忍受陰暗環境，僅靠散射光或燈光就能正常生長。不耐旱，土乾就要澆水。若土壤太乾會落葉。

應用

一般為落地型大型盆栽，才顯得比較有氣勢，常用在小庭園或室內造景。適合放在辦公室或公共空間當園景的主題樹，或者放在角落裝飾。羽裂福祿桐也可以剪成灌木叢狀；3吋迷你盆栽就像小樹一樣，取一寬盆多種幾株就有小森林般的效果，很適合當做盆景應用。

羽裂福祿桐
Polyscias fruticosa

繁殖

除了冬季之外的溫暖季節皆可扦插。取原子筆粗的木質化莖15~20公分一段扦插，發芽便像一棵小樹。如要種植成中型盆栽，則要使用高壓法繁殖，生長也很迅速。

圓葉福祿桐 *Polyscias balfouriana*

錦葉福祿桐 *Polyscias paniculata cv. Vriegata*

斑紋福祿桐
Polyscias balfourriana cv.
Pennockii

細裂福祿桐
Polyscias fruticosa cv.

羽裂福祿桐
Polyscias fruticosa

五加科
鵝掌藤

學名：*Schefflera*
英名：Schefflera

　　原產於東南亞至太平洋熱帶地區，台灣亦有野生分佈。幼時呈常綠灌木狀，日漸成長時莖部就會傾倒呈蔓藤狀，且莖部會長出氣生根用以攀附生長。掌狀裂葉是鵝掌藤最大特色，革質葉堅挺強壯，耐旱性強，太陽直射、室內栽培皆宜，土種、水耕皆可。

栽培

　　生命力超強，全日照或室內明亮處皆可栽培。耐陰性比福祿桐差，但比福祿桐耐旱。對空氣污染與病蟲害都有抵抗力。

斑葉鵝掌藤 *Schefflera arboricola* cv. Renata

Schefflera odorata

應用

戶外栽種可做綠籬或樹蔭下填充空間使用。室內應用有齊備的規格，1呎盆適合大空間使用，綠意盎然且維護管理輕鬆。5~7吋盆多作為組景的材料。3吋盆以斑葉品種為主，多作為組合盆栽材料。

繁殖

扦插或高壓法皆可。扦插時要將葉片剪去半截，並經常噴水保持濕度。

斑葉鵝掌藤 *Schefflera arboricola* cv. Hong Kong Variegata

| 五加科 | 學名：*Brassaia actinophylla*
英名：Australian schefflera |

澳洲鴨腳木

常綠喬木，原產於澳洲。大可至2、3層樓高，常見為180～200公分高的超大型盆栽，適合擺在公共空間或商業空間，綠化效果顯著。做庭園樹效果也很好，喜好全日照或半日照的環境，通風不良易生病害。戶外栽培會從莖頂開出紅色呈放射狀排列的奇特花序。

澳洲鴨腳木*Brassaia actinophylla*

| 五加科 | 學名：*Osmoxylon* |

五爪木

原產於馬來西亞。植株相當秀氣，細緻的掌狀裂葉像爪子一樣，與孔雀木有點相似，但是色彩鮮明、質感較柔和。多為3吋及5吋規格的小型盆栽。

斑葉五爪木
Osmoxylon lineare cv.

五爪木*Osmoxylon lineare*

五加科

八角金盤

學名：*Fatsia japonica*
英名：Japanese Aralia

原產於日本，台灣亦有近緣種。喜好涼爽略為遮蔭的環境，在溫帶地區常做為小庭園主題樹。本地多作為切花葉材與3吋迷你盆栽用。八角金盤與常春藤交配培育的「熊掌木」，具有常春藤的葉型與八角金盤的體質，近來已有引進栽培。

熊掌木 *Fatshedera lizei*

八角金盤 *Fatsia japonica*

小紅網紋草
Fittonia verschaffeltii cv.

爵床科

學名：*Fittonia*
英名：Nerve Plant

網紋草

爵床科

爵床科植物變化多端，有賞花、賞葉及兼賞花葉的品種，花萼比花朵本身漂亮，為具有代表性的熱帶植物。爵床科植物不耐旱，需要生長在暖濕的環境。由於葉片薄，耐寒性差，冬天有凍傷的可能，故以室內欣賞為主。

多年生草本植物，原產於南美洲安地斯山脈溫暖潮濕森林。具匍匐蔓延性，叢集的生長姿態適合做吊盆或迷你盆栽。葉上有網狀脈，葉色的變化也在葉脈上，有紅白紋兩種與大小葉之分，原始的大葉種，因為網紋色彩較不明顯且葉片易乾枯，所以市面較少見。主要的是小葉品種，新品種有波浪、稜形葉等葉形上的變化。

 栽培

耐陰性強，直射日光葉片易焦枯，僅靠燈光就可以正常生長。但紅網紋草若太過陰暗，紋路色彩會比較暗淡。只要缺水葉片就會萎軟塌陷，所以在冷氣房中尤其要常保濕度，除了穩定供水外，可以在葉片上噴水保濕。因為怕冷，不適合在戶外種植。若種在陽台，冬天也要移回室內。

波葉小紅網紋草
Fittonia verschaffeltii cv.

小白網紋草
Fittonia verschaffeltii var.argyroneura cv. Compacta

應用

外形小巧可愛，可以當吊盆與迷你盆栽，有3吋迷你盆及5吋盆。葉片小巧玲瓏，適合組合盆栽使

用，尤其玻璃花房中的高濕度，讓他有像如魚得水般的自在生長。

 繁殖

扦插時要特別注意插穗的保濕，尤其用盆子或水植時，由於莖部較短，要注意插穗是否吸到水？比較保險的做法是將插穗插入濕的插花海綿裡等待長根。分株也可以成活，但因為會破壞植株的圓形造型，並且要很久才能再長成完整的圓形，以致降低觀賞價值，故不建議分株繁殖。

小紅網紋草花 *Fittonia verschaffeltii cv.*

嫣紅蔓
Hypoestes phyllostachya cv.

爵床科	學名：*Hypoestes phyllostachya*
	英名：Polka Dot Plant

嫣紅蔓

多年生常綠匍匐半灌木，原產於非洲。葉色很特別，有像沾了紅色、粉紅、白色點狀油漆的斑點，隨植株老化，斑點會逐漸消失。會開紫色花朵，但不具欣賞價值。

依葉斑色彩分紫紅斑、粉紅斑與白斑品種。

栽培

光線要明亮，適合放在窗邊。不耐旱，土略乾就要澆水。但較白網紋草耐旱。像藍雪花一樣會從草本變成木本，所以要常將老化枝條剪下另行扦插，且促進生長新枝，否則會老化變醜，枝幹日漸稀疏且四散傾塌，觀賞價值驟降。

嫣紅蔓*Hypoestes phyllostachya*

白蘋蔓*Hypoestes phyllostachya cv.*

應用

只有3吋盆規格，用新枝扦插成低矮茂密的迷你盆栽，適合組合盆栽配色用，因為太過低矮，需要用技巧墊高或數盆合植以突顯色彩效果。

繁殖

扦插成活率高，但要注意保濕。

波斯紅草
Perilepta dyeriana

銀葉單藥花
Aphelandra squarrosa
cv. Louisae

爵床科

波斯紅草

學名：*Perilepta dyeriana*
英名：Persian shield

原產緬甸的常綠灌木，喜好溫暖環境，生性怕冷。葉上美麗的金屬光澤花紋，像霓虹一樣耀眼。

栽培
全日照與半日照環境都可以生長，太陰暗色澤會逐漸暗淡。喜好高濕度環境，不耐空氣乾燥與缺水。

應用
3吋盆可當組合盆栽用，綺麗葉色為其他觀葉植物少有的。生長迅速，必須剪枝以降低高度並促進分枝。

繁殖
扦插繁殖，剪下健壯的枝條以兩節為一段，將葉片剪掉半截再插入土中，相當容易成活。

爵床科

單藥花

學名：*Aphelandra squarrosa*
英名：Zebra Plant

常綠灌木，原產於美洲熱帶地區。花葉俱美，葉片厚且亮，像塑膠皮，深綠色的葉片與白色葉脈對比分明，開黃色長串花，花藥聚合成單一狀而得名。多為5吋盆盆栽，一盆一株，也有較小的迷你盆栽。

栽培
不能直接日照，適合放在窗邊亮處，或者沒有直接日照的陽台上。不耐旱，缺水葉片會萎軟。經常在葉片上噴水，可以促進生長。盆土積水或悶熱的環境較易罹患病害。冬季低溫需移入室內栽培，以免受到寒害。

應用
可當組合盆栽的配角，營造熱帶氣氛的組景也可以多盆聚集搭配，因為葉色深綠，很適合搭配素色盆器。

繁殖
溫暖季節扦插。扦插時葉片要剪半，並且保持環境濕度。

單藥花
Aphelandra squarrosa

爵床科

金葉木

學名：*Sanchezia nobilis*
英名：Noble sanchezia

原產於南美熱帶地區，植株高大，種在庭院裡高可達3公尺，最適合的高度為50~150公分。成叢的葉片如玉蘭花樹葉般寬大，葉脈為黃色，筒狀的黃色花朵也有觀賞價值。

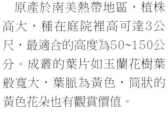

栽培
半日照或全日照皆可，太陰暗會有落葉現象。不耐旱，要適時補充水分，室內以明亮的窗邊擺放較佳。

應用
庭園應用色彩效果醒目，極富熱帶氣息。盆栽有7吋盆規格，適合陽台或室內明亮處組景使用。

繁殖
春季扦插成活率高。剪取具兩節的枝條，將葉片剪半扦插，成活率相當高。

金葉木
Sanchezia nobilis

爵床科

灰姑娘

學名：*Hemigraphis alternata*
英名：Red ivy

原產於東南亞，當地常用於作地被植物使用。紫褐色葉片具有金屬光澤，在觀葉植物中屬特異的顏色。

栽培
半日照或全日照皆可，但以半日照為宜。環境濕度要高，不耐乾燥。

應用
多做地被、吊盆及3吋迷你盆栽使用。常與其他觀葉植物搭配設計，為組合盆栽的構成材料。

繁殖
扦插在水中就可以長根，再移入盆中種植。

灰姑娘 *Hemigraphis alternata*

| 爵床科 | 學名：不詳 |
| | 英名：不詳 |

彈簧草

　　莖部半木質化，葉片捲曲，質地硬且緊密，所以輕壓會有彈性而得名。花朵極小，花梗像針一般細。有小盆栽以及5吋吊盆，但垂曳效果並不佳，擺放在低處較容易欣賞。

 栽培
　　半日照環境佳，放室內靠燈光照射雖可存活，但顏色會變淺，葉片變得疏鬆不好看。稍具耐旱性，但缺水會使葉片失去光澤，最好是土乾就澆水，並不時噴水保持濕度。

應用
　　5吋吊盆可換淺盆種植更美觀，3吋小盆栽可做組合盆栽或玻璃花房的配角。

繁殖
　　太密的枝條可以剪下來扦插。

| 爵床科 | 學名：Graptophyllum |
| | 英名：Carica Ture Plant |

彩葉木

　　原產於太平洋群島的常綠灌木，葉如變葉木般有大片的斑紋，但色彩單純不混雜且質感柔和。有粉紅色、黃色的品種。

 栽培
　　需要光線明亮的環境，可在沒有陽光直射的戶外種植。因葉片薄嫩不耐旱，需持續供水。

彩葉木 *Graptophyllum pictum*

應用
　　3吋或5吋的中小型盆栽規格，可種植於樹蔭下豐富庭園色彩，比變葉木耐陰。室內栽培需擺放於窗台邊的明亮處。

繁殖
　　扦插的時候記得將葉片剪半以免葉片凋萎。

斑葉擬美花
*Pseuderanthemum
reticulatum var.*

爵床科

學名：*Pseuderanthemum*
英名：Pseuderanthemum

擬美花

原產東南亞至太平洋的熱帶地區的常綠灌木，是當地最常用的庭園景觀色彩植物之一。葉色變化豐富，白色花朵有紅色斑點也很別緻，同屬植物如紫雲花，即是賞花為主的花木。

金黃色網紋與白黃相間的斑葉品種色彩亮眼，紫色斑葉品種多作為配色陪襯用。

 栽培

喜好溫暖氣候，不耐濕冷低溫，寒流來時需注意避寒。水分肥料充足生長快速，夏季可略加修剪，以維持優美外觀。

彩葉擬美花
*Pseuderanthemum
atropurpureum cv.*
Tricolor

 應用

3吋盆與5~7吋規格都有。暖季生長迅速，縱使買3吋迷你盆栽，只要換盆種植，不

金葉擬美花*Pseuderanthemum reticulatum var. ovarifolium*

消2個月就可以成長成7吋盆大。葉片色彩鮮豔奪目，適合庭院配色或陽台盆栽欣賞。室內以光線充足的窗邊較佳，但仍不宜久放。

繁殖

於暖季進行扦插繁殖，葉片需剪半以促進成活。

089

學名：*Pandanus*
英名：Screw Pine

林投

斑葉林投
Pandanus veichii

常綠灌木，原產全球熱帶濱海地區，欣賞重點在其有如摺扇排列整齊的放射狀葉片，植株尺寸差異大，有各種設計應用方式。因為是生長於海濱的植物，所以在佈置應用上最能表現海岸休閒渡假的意象。

各品種有不同的特徵：

紅刺林投：大型品種，葉片開展幅度1公尺以上，比較適合戶外應用。葉緣的紅色鋸齒，讓葉片排列整齊之美更加突顯。

壯幹林投：樹型高大的品種，多作為庭園景觀樹使用，植成大型盆栽亦可。容易結果，果實形狀像鳳梨，雖然可食但是風味不佳。

細葉林投：葉片纖細像禾草，可盆栽或在庭園當收邊材料用，葉色鮮明也是很好的切花材料。

香葉林投：葉片可以食用的品種，帶有芋頭香味，一般通稱為「七葉蘭」，通常是切割葉片曬乾後沖泡飲用。葉片青翠嫩綠而且沒有鋸齒，是林投類最容易親近的品種。

斑葉林投：大型品種，有白黃色線條斑與新葉白化的品種，具耐陰性，幼株時可在室內欣賞，葉片線條相當優美。葉片亦是主要的切花葉材之一。

紅刺林投 *Pandanus utilis*

壯幹林投 *Pandanus boninensis*

栽培

幼苗期耐陰（一般見到的盆栽就屬幼苗），斑葉品種在光線明亮的環境中葉色會更鮮明。林投類耐旱性強，生長強健且少有病蟲害，照料輕鬆簡單，只要土乾了澆水即可。

應用

葉片寬幅蓬鬆，應用需要寬闊的空間，單盆欣賞就很有分量。香葉林投與細葉林投嬌小，可以與其他植物搭配使用。除香葉林投之外，其他品種葉緣有鋸齒，葉背、中脈也有刺，在栽培應用時需注意勿傷手。

繁殖

用分株法繁殖，把莖幹上生出的小苗，切分下來栽植即可。

香葉林投
Pandanus amaryllifolius

鑲邊細葉林投
Pandanus pygmaeus cv.
Golden Pygmy

垂榕

學名：*Ficus benjamina*
英名：Weeping Fig

垂榕
Ficus benjamina

桑科

榕樹屬是有名的「無花果」樹，大多數種類傷口會有乳汁流出。榕樹產於全球熱帶地區，耐陰，喜好溫暖。頗多品種的葉子線條優美，具觀賞價值。依應用分樹形榕與蔓性榕。

常綠喬木，原產印度到中南半島，枝條、葉片柔軟，質感下垂扶疏，輕盈飄逸。耐陰性比榕樹強，經馴化耐陰可應用於室內明亮處。

綠葉品種與乳斑垂榕最常見，細葉品種與黃斑品種較不普遍。

栽培

庭園全日照或樹蔭半日照皆可種植，室內栽培應用要注意該盆栽是否經過馴化，否則一入室內便會有大量黃葉、落葉的情形，需待新葉長出才能適應新環境。比一般草本觀葉植物耐旱，可待土乾了才澆水，葉片噴水可以保持光鮮亮麗，並促進新芽生長。

應用

以1呎落地大型盆栽為主，莖幹多加以整型編扎成為麻花型或網狀，讓白皙的樹幹也有趣味的變化。其上的葉叢多修剪成圓形，所以整體形象類似棒棒糖形，趣味性十足。此種修整樹型，需定期修剪以維持完整形貌。乳斑垂榕多為7吋盆規格，常用在庭園景觀配色用，有強烈的白色醒目效果，耐陰性較差，不宜放在室內欣賞。

繁殖

以高壓法繁殖。

斑葉垂榕 *Ficus benjamina* cv. Star Light

桑科

印度橡膠樹

學名：*Ficus elastica*
英名：Rubber Plant

紅印度橡膠樹 *Ficus elastica* cv. Burgandy

斑葉印度橡膠樹 *Ficus elastica* cv. Variegata

　　高大粗壯的常綠喬木，原產印度、緬甸。最大特徵是葉片寬厚，像皮革一般，對環境的適應性強，抗污染、乾旱，生命力強旺。經光線馴化後可在室內栽培，因生長緩慢，可在室內維持長久的觀賞壽命。

　　以葉片色彩區分綠葉、紅葉、斑葉等品種。

栽培
　　全日照到半日照都適宜。耐旱性強，土乾透才澆水。

應用
　　樹形粗大，分枝較少，一般情況不需修剪。因質感厚重，所以擺放應用空間要夠大，才顯得協調。商場、飯店、辦公大樓的大廳、廣場最適用，樹形夠氣派，與空間的比例相符合。

繁殖
　　以高壓法與扦插法繁殖。

琴葉榕
Ficus lyrata

越橘葉蔓榕
Ficus vaccinioides

桑科

琴葉榕

學名：*Ficus lyrata*
英名：Fiddle-leaf Fig

常綠喬木，葉片形狀長得像提琴而得名，是樹形榕中最耐陰的品種，可長期擺放室內，靠燈光也可維持正常形貌。葉片形狀討喜，葉色濃綠質厚，是甚受歡迎的風水樹。

栽培
半日照至全日照均可，室內應用耐力超強，土乾透才澆水。

應用
有1呎盆、三株合植的盆栽，綠意盎然體面大方，深受主管的歡迎，在主管室、會議室等空間的角落擺放，綠化效果突出。也有7吋盆單株的規格，適合擺於矮櫃上。

繁殖
以高壓法繁殖。

桑科

越橘葉蔓榕

學名：*Ficus vaccinioides*
英名：Cowberry Creeping Fig

常綠藤本，是原產台灣海邊的蔓榕，葉型橢圓形，葉片光滑濃綠。葉叢茂密，質感細緻。生長較薜荔緩慢，攀爬能力則不分軒輊。成株會結紅褐色外表有絨毛的無花果，大小如指甲。

栽培
半日照至全日照皆可。栽培初期需要較高的濕度以促進生長，待根系健全後即能有耐旱性。

應用
有3吋盆栽、5吋吊盆作為室內栽培用。也有種植成地毯樣的育苗盤，專供做地被與邊坡綠化用。

繁殖
扦插繁殖。

| 桑科 | 學名：*Ficus pumila cv.* |
| | 英名：Creeping Fig |

薜荔

薜荔
Ficus pumila cv.

迷你薜荔 *Ficus thunbergii*

雪荔
Ficus pumila cv. Sonny

愛玉子
Ficus awkeotsang

　　常綠藤本，葉片薄而細緻輕盈，當懸吊植物或讓它貼在牆面上攀爬皆相宜，它也是綠雕的好材料。平常我們從花市買回的植株是幼年期，長大後型態會改變。成熟後（枝葉大型化）的薜荔耐旱性強，生長健旺，是綠壁、邊坡最佳的綠化材料。

　　有綠葉、斑葉（雪荔）、小葉（迷你薜荔）品種。愛玉子與薜荔形態接近，但是愛玉子生長勢不及薜荔，所以較少趣味觀賞栽培。

栽培

　　盆栽的皆屬幼株，喜半日照環境，全日照會造成葉片枯黃。戶外栽培須讓其逐漸適應。幼株不耐旱，缺水會枯死，需經常噴水保濕以促進生長，成株後就不怕缺水了。

應用

　　3吋盆栽玲瓏可愛、五吋吊盆輕鬆雅致，做組合盆栽材料或懸掛於室內窗邊都很適合。戶外栽培是壁面綠化的主要材料，可以增加立面綠意，可以有效降低室內溫度，因為是用莖上長出的纖細不定根來攀附，對建築物結構不會造成危害。細密的枝葉也是製作立體綠雕最好的披附材料。

繁殖

　　扦插繁殖，需注意保濕以促進生長發根。

學名：*Pachira macrocarpa*
英名：Pachira Nut

馬拉巴栗

常綠或半落葉喬木，當初引進為食用其果實，果實中種籽炒熟後味道像花生，所以又叫美國花生。現在已單純作為觀賞植物使用，在農田培育長成後，再砍下枝葉、根部，移至網室遮蔭的環境種植，如此新長出的葉片就能適應室內環境，因為樹幹中儲存豐富的養分，足供萌發新芽使用。民間稱馬拉巴栗為發財樹，是因靠近根部的樹幹肥大，胖若彌勒佛，人們相信種了以後會帶來財運，就像供奉彌勒佛(財神)一樣。僅有綠葉與斑葉品種，斑葉者罕見。

栽培

經過馴化後有耐陰性，但過於陰暗會有葉片軟弱、枝條纖細鬆散的缺點。耐旱性強，介質乾了之後才澆水，最忌盆土積水。如果擺放一段時間後，有枝條伸長株形凌亂的現象，可以將枝條剪除，強迫再度萌發新枝。

應用

播種一個月的小苗，多當3吋小品盆栽。50公分至一公尺高度的，三株編成麻花狀，呈現藝術化的塑形。樹幹粗壯、高約30公分者，種在元寶盆內，招財進寶。5呎高的落地盆栽，三棵植株種在一起，形態壯觀。市面上也有賣馬拉巴栗種子，用做栽培種子森林。

繁殖

以播種為主，很容易發芽，一個月即成小樹，有人將種子播在茶壺裡，讓樹芽從壺嘴抽出，別有韻致。扦插繁殖也可，但根系會比較弱。

馬拉巴栗 *Pachira macrocarpa*

大戟科

變葉木

學名：*Codiaeum variegatum var.pictum*
英名：Croton

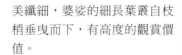

線型葉系
Codiaeum variegatum var.pictum f. taeniosum

母子葉系 *Codiaeum var-iegatum var.pictum f. appendiculatum*

闊葉系 *Codiaeum var-iegatum var.pictum f. platyphyllum*

長葉系 *Codiaeum var-iegatum var.pictum f. ambiguum*

　　常綠灌木，熱帶庭院最重要的景觀樹種之一。品種豐富，葉子變異性大，相同品種在不同的栽培條件下，即有可能產生微妙的差異，這也造成品種鑑定的困擾，無怪乎名叫「變葉木」。葉形變化多，葉色就像調色盤，不但有若塗鴉的各色色塊，也有色脈或星點斑的。

　　它們依葉型可區分為不同品系：

螺旋葉：葉片呈螺旋狀扭轉，造型最奇特，紅色大葉的品種多用於庭園內當襯景樹，黃綠色小葉品種玲瓏可愛，多供作盆栽使用，有3~7吋多種規格。

線型葉：葉片窄長纖細，最常見有形似相思樹的相思葉品種，生長強健且耐修剪，常植成綠籬用。

長葉：葉片長，以「雉尾」品種較常見，葉片微彎成雉雞華麗的尾羽。

線形葉：姿態最柔美纖細，婆娑的細長葉叢自枝梢垂曳而下，有高度的觀賞價值。

闊葉：葉形寬闊，其中寬大又厚硬的龜甲品種，因為生長較慢且耐陰性較強，可以放在明亮的室內應用。另外較普遍的是佈滿星斑的榕樹葉品種。

戟葉：或稱矛葉，葉形略呈三叉，像古代的兵器。有星斑的品種與色彩華麗濃豔的品種。

螺旋葉系 *Codiaeum variegatum var.pictum f. crispum*

097

母子葉：造型令人感到不可思議，葉片末端跳出一根細脈後又長出一片小葉子，也有人稱為飛葉或釣葉都很傳神。以紅色品種最常見。

螺旋葉系 *Codiaeum variegatum var.pictum f. crispum*

戟型葉系 *Codiaeum variegatum var.pictum f. lobatum*

長葉系 *Codiaeum variegatum var.pictum f. ambiguum*

栽培

全日照到半日照均可，習慣生長於全日照環境者，要移入室內時最好要逐步適應光線，免得有落葉的現象。不耐潮濕，土乾才澆水。較大的日夜溫差與充足光線，會讓葉色更紅豔鮮明，所以室內用的品種大多以黃色為基調，色彩變化較少。放置位置如果悶熱不通風，易引發介殼蟲危害。

應用

有顏色的觀葉植物，可增添造景顏色；成排擺放，也氣勢非凡。龜甲變葉木盆栽，因其葉片大，多是三株種一起，也有單株的，是造景配色

闊葉系 *Codiaeum variegatum var.pictum f. platyphyllum*

的好材料。金手指變葉木、相思葉變葉木葉子細小，多用在組合盆栽。室內觀賞可挑耐陰的品種如龜甲變葉木、金手指變葉木、相思葉變葉木。

繁殖

用高壓法及扦插法繁殖，在春夏季剪成熟飽滿的枝條扦插，基部沾發根劑可以促進發根成活。

大戟科	學名：*Pedilanthus*
	英名：Ribbon Cactus、Devil's Backbone、Redbird
紅雀珊瑚	Cactus

蜈蚣草
Pedilanthus

原產熱帶美洲乾燥地區，枝條生長方式奇特，形成像閃電般的交互彎折形狀，斑葉品種連莖都有斑紋。葉片與姿態是欣賞部位，秋冬季會開花，花朵像紅雀的鳥嘴樣而得名，冬季低溫期會轉為紅葉，此時最為美觀。

 栽培

喜好全日照或半日照環境，全日照葉片排列更緊密。具耐旱性，但是冬季或盛夏缺水時，易有嚴重的落葉情形，雖然莖部也有觀賞的趣味，但是有葉子整體還是比較美觀。

紅雀珊瑚（青龍）
Pedilanthus tithy-maloides

應用

3吋小盆栽最多，5吋中盆規格較少，因為小盆栽只要換盆大約3個月就可以長成5吋盆的大小，成長速度快。盆栽適合單盆種植一種，只要用扦插的技法，將太

斑葉珊瑚（大銀龍）
Pedilanthus tithy-maloides var. variegata

變葉珊瑚（變色龍）
Pedilanthus tithy-maloides var. variegata f.cuculatus

長的枝條剪下，插在盆內較空的位置即可，如此很容易就可以種成一盆茂密的盆栽。室內擺放宜光線最亮的位置，戶外多成叢種植，取色彩繽紛的效果，而且生長極強健，僅需修剪略加施肥即可。

繁殖

扦插法幾乎是隨插即活，春至秋季都可以施行，夏季成活生長最快。

卷葉珊瑚（卷龍）*Pedilanthus tithymaloides stlsp. smallii*

學名：*Breynia disticha*
英名：Snow Bush

白雪木

白雪木
Breynia disticha

新葉雪白而得名，葉片薄嫩、分枝纖細，質感輕盈柔軟。類似的品種「彩葉山漆莖」較不耐陰，無法於室內栽培應用。

栽培

全日照到半日照都可以生長，全日照環境下枝葉細密，新葉白皙。半日照環境枝葉疏落有緻，白色斑點呈噴霧狀。室內擺放以明亮的窗台邊較適宜。

應用

以3吋迷你盆栽規格最多，常作為組合盆栽的配材，尤其具有樹型，可以當縮景中的樹木。庭園內可善用白色粉綠的葉色，有點亮的效果。

繁殖

用扦插繁殖，春季剪下健壯枝條的新梢插枝，可以多幾枝插於盆內，長成後馬上就有成叢的盆栽。

學名：*Manihot esculenta* cv. Variegata
英名：cassava

彩葉木薯

彩葉木薯
Manihot esculenta cv. Variegata

木薯又名樹薯，是用來製造澱粉的經濟作物。彩葉木薯葉色鮮明，嫩綠的掌狀葉上有亮黃色的斑紋，葉柄新枝呈粉紅色，不論種在何處都是視覺焦點。

栽培

喜好全日照的明亮環境，因為地下有肥大的根莖，所以稍具耐旱性，但是夏季仍需澆足水分。莖部中空且葉柄纖細，不耐強風吹襲。

應用

販售以7吋盆幼株為主，隨植株日漸高大，便要以庭園應用為宜。老株基部葉片易掉落，可將其他小型觀葉植物種植環繞在四周。

繁殖

扦插繁殖，因為葉片大型，蒸散的水分過多，所以需要將葉片截半，以增加成活率。

蔓綠絨椒草

| 胡椒科 | 學名：*Peperomia* |
| 椒草 | 英名：Peperomia |

胡椒科

成員中有蔓藤的胡椒類與品種繁多的椒草類植物。椒草是一群可愛的觀賞植物家族，屬多年生草本植物，廣布於全球熱帶及亞熱帶地區，原生種多達一千多種，因為適應生長環境的關係，而演變出許多奇特的外型，因而有很高的觀賞價值。

紅寶石椒草 *Peperomia repii*

西瓜皮椒草
Peperomia argyreia

皺葉椒草
Peperomia caperata

椒草那麼多品種，不論型態多麼特異，還是具有共同的特徵—「花序」。大多數椒草在春季開花，屆時會看到植株頂部，伸出一條條細長的鞭狀物，不要懷疑，這就是她的花序，許多細小的花朵聚生在上面，得要用顯微鏡才看得究竟。利用這個特徵來認識這個家族準沒錯！

此外，葉型葉色雖然千變萬化，但葉緣都是平順的，葉面多半具有光滑透明的革質，莖部呈多肉質，這也說明為什麼椒草好栽培，因為她對環境逆境（高溫、低濕、乾燥）有較強的抵抗力，少有病蟲害，是剛開始接觸花草的愛花人最適合的入門種類。等到玩出興趣，種出信心時，令人眼花撩亂的品種還可以成為你的「綠色寵物」收集主題。

Peperomia japonica

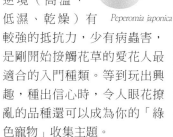

彩虹椒草
Peperomia clusiifolia cv.
Jewelry

銀葉椒草
Peperomia
griseo-argentea

輪葉椒草
Peperomia puteolata

乳斑椒草 *Peperomia obtusifolia* cv. Golden Gate

栽培

椒草喜歡高溫多濕的環境，攝氏20-35度最適合生育，且應注意栽種的環境應保持通風良好，否則莖葉非常容易腐爛。雖然椒草比一般植物更耐低溫，但冬季10度以下仍應預防寒害。

所有椒草種類都都適合室內環境栽培。葉片深綠的種類，可以忍受較陰暗的環境，如果能以燈光補充一下會更好。葉片有斑葉的種類，需要在窗戶邊等明亮處種植。它們非常嫌惡盆土潮濕，所以盆土表面已乾燥再澆水。

密葉椒草 *Peperomia orba*

圓葉椒草
Peperomia obtusifolia

心葉椒草
Peperomia polybotrya

蔓性椒草
Peperomia serpens cv.
Varicgata

斑馬椒草
Peperomia verschaffeltii

應用

椒草的體型大多屬於迷你型，以3吋小盆栽的規格較多。叢生型適合單獨種植或組合應用。直立型初期像叢生型一樣，但是後期莖部逐漸伸長，需要以支柱支持較妥。匐匐型適合作吊盆植物使用。

繁殖

以葉插法繁殖。

病蟲害

椒草的病蟲害很少見。只有在高溫多濕時較容易爛葉，此時只要暫停澆水，將爛葉除去，再使用低毒性的殺菌劑如「億力」、「大生」等藥劑殺菌就行了。

蕁麻科	學名：*Pilea*
	英名：*Pilea*

冷水花

蛤蟆草 *Pilea cadierei*

蕁麻科

蕁麻科生長在熱帶的溫暖潮濕地區，生長環境須濕度高，水邊最適合。為多年生草本，有纖細的枝條，葉片質感凹凸不平，與眾不同，有純綠的，也有銀色斑紋的。觀葉的主要有兩屬：煙火花、冷水花。

全球熱帶都有冷水花，因為常在森林陰冷的溪澗邊看到它的蹤影而得名，細緻的葉片具有不同的質感與色彩紋路。看似嬌弱，其實生命力非常強，繁殖也很容易，讓初學者也能獲得成功的滿足感。它們的品種有：

蛤蟆草：漸層橄欖綠的葉面，摸起來毛茸茸的而且佈滿皺褶，就像蛤蟆身上的疙瘩。耐熱耐寒性較差，生長需要較高的濕度，適合在室內栽培。

毛蛤蟆草：匍匐性的種類，葉片薄嫩有透明感，葉形常讓人誤會是薄荷。生長強健，尤其濕度高的半日照溫暖環境，生長速度非常快。適合作吊盆或地被植物使用。高溫乾燥時，會有莖節葉片緊縮的休眠現象。

玲瓏冷水花：葉片玲瓏可愛，俗稱「嬰兒的眼淚」。枝條柔軟下垂，亦會匍匐地面生長。適合作吊盆或地被植物使用。雖然看起來惹人憐愛，卻是冷水花中較具耐旱性的種類。

銀脈冷水花：葉片上有成對的白色斑紋，觀賞價值高。生長很強勢，常可以在樹蔭下繁衍一大片。植株可以長到1公尺高，甚至可以植成矮籬。

毛蛤蟆草
Pilea cadierei

銀葉冷水花
Pilea cadierei

 栽培

冷水花類較不耐低溫，冬天須防寒害。戶外栽培者要注意水分需節制供給，以免根部凍傷壞死。夏季高溫期要保持環境通風與提高濕度，經常給葉片噴水有助於生長。室內栽培僅靠燈光就可以正常生長，戶外栽培則要選擇避陽的地點。

玲瓏冷水花 *Pilea cadierei*

應用

垂性的品種，適合當地被、吊盆，或用做修飾組合盆栽的邊緣。直立的品種利用在組合盆栽或景觀上。單獨小盆栽組合擺飾也很可愛。

繁殖

扦插繁殖成活率高，在春秋兩季剪下數枝5~10公分長的枝條，直接插入3吋小盆中，再用透明塑膠杯蓋起來以保持濕度，大約1星期就會發根成活了。

蕁麻科

煙火花

學名：*Pellionia pulchra*
英名：Smoke Flower、Satin Pellionia

煙火花
Pellionia pulchra

細小的花朵開花時，花粉會如煙的飄散出來，所以叫噴煙花或煙火花。葉片密貼於地面匍匐生長，垂吊起來葉片排列十分平整。它的葉片基色有紅褐色的綠，葉中有銀色斑紋，整體雖然比較暗沉，但是細看色彩卻相當特殊。

栽培
耐陰性強，不能接受陽光直射。喜好潮濕環境，乾燥生長不良。需經常噴水保持濕度，土略乾就澆水。

應用
3吋盆或5吋吊盆規格，適合當玻璃花房的材料，戶外陰濕地當地被植物覆蓋效果甚佳。

繁殖
扦插繁殖操作簡單。取帶兩節的一段枝條，一盆3吋盆可插5枝，約1~2週長成後就很好看。

觀葉秋海棠

虎眼秋海棠
*Begonia bowerae var.
nigramarga*

　　秋海棠類是一個龐大的家族，全球溫暖地區皆有分佈。有專供賞花的種類，如四季秋海棠、麗格秋海棠等，有花葉俱美的麻葉秋海棠、竹莖秋海棠等，更大一類是葉片奇詭多變的觀葉秋海棠。觀葉秋海棠主要欣賞葉形的變化、葉片綺麗的色彩與變化無窮的斑紋，尤其許多品種具有銀、紅色的金屬光澤，每每讓人驚嘆不已。

　　觀葉秋海棠依植物型態與生長習性，可概分為地下有根莖的叢生葉種類（根莖性），與莖部直立高聳，形似竹子的立莖性種類，兩者生長習性與栽培要點不盡相同。

半日照的光線都能生長，根莖性的種類耐陰性強，用燈光照明即能生長，立莖性的種類需要較充足的光線，以戶外半日照到全日照的光線較佳。秋海棠葉片較薄嫩，土稍乾就澆水，多數品種葉片佈滿皺褶和細毛，澆水盡量不要澆到葉

鐵十字秋海棠*Begonia masoniana*

地毯秋海棠
Begonia cv. Silver Jewel

 栽培

陰暗到

料，但是對於濕度的要求較高，要選擇習性相近的植物搭配。立莖性的種類植株高大，以陽台或庭院種植較佳，盆子選用7吋以上的才足夠生長，隨著莖長高葉片生長，莖端的負荷加重便會有彎曲的現象，可以加立支柱，以免受強風吹折。

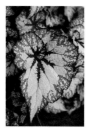

蛤蟆秋海棠
Begonia rex cv.

蛤蟆秋海棠
Begonia rex cv.

繁殖

立莖性種類採扦插法，取粗壯的枝條兩節為一段，插於介質中即可，若帶有葉片，需先將葉片完全剪除。根莖性種類可用分株法或葉插法繁殖。分株需特別注意保濕。葉插可用全葉的插法，或將大片的葉了切段，每段必須帶有葉脈才容易發芽生長，如此旺盛的生命力，是自然觀察的好題材。

片，以避免染病。維持生機旺盛需要高濕度，可與其他植物配植，以營造局部高濕度，水族箱種植是養好根莖性秋海棠的祕訣。

應用

根莖性的種類可以單獨擺飾，或作為組合盆栽的材

吊蘭

闊葉中斑吊蘭
Chlorophytum comosum var. Picturatum

原產非洲熱帶地區。葉片線條柔細，而且有垂下的走莖，走莖上有纖細的白花和嬌小的植株，小植株懸掛在盆外如紙鶴，所以日本稱為紙鶴蘭。因為有這種特性，讓吊蘭成為絕佳的吊盆植物。其中白紋草不具有走莖，多作為3吋迷你盆栽與地被植物使用。

栽培

綠葉與鑲邊的品種葉片較厚，能適應較強的光線。中斑、闊葉斑吊蘭與白紋草，葉片薄嫩，適合半日照環境。所有吊蘭都不能放在陰暗的位置。吊蘭類的根是肉質根，尤其白紋草還有發育肥大的儲藏根，所以盆土積水容易造成爛根。薄葉的品種較不耐旱，須時時注意水分補充。

吊蘭類耐寒性不佳，懸掛陽台應用者，在冬季最好移入室內養護。白紋草當地被植物栽植，在冬季會有植株緊縮、葉片黃化的休眠現象，應節水斷肥以助越冬。

應用

以懸掛栽培為主，懸掛位置不宜長期有風，葉片較易焦尾脫水。組合盆栽常用吊蘭做作為填充材料用於懸垂盆邊，增加動感並能破除盆內的擁塞感。

繁殖

春夏季走莖太多、太亂，可待小苗長根後再剪下種植。也可以直接用一個小盆盛土，將吊蘭走莖牽引到盆內，誘引小苗成長。白紋草可直接分株。

闊葉中斑吊蘭
Chlorophytum comosum var. Picturatum

白紋草 *Chlorophytum bichetii*

蜘蛛抱蛋（葉蘭）

學名：*Aspidistra*
英名：Cast Iron Plant

斑葉蜘蛛抱蛋
Aspidistra elatior cv.
Variegata

原產中國，花開在地面，像大蜘蛛抱著白色的卵囊，故稱蜘蛛抱蛋，但因名稱不雅，花藝應用時都稱為葉蘭。葉片從土中的走莖長出，薄革質的葉片非常強韌，縱使切下來當葉材使用，也有一周以上的觀賞壽命，更遑論生長在盆內。因生命強健，不容易枯壞，現在很受市場重視。有星點、線條、曙斑（葉端有大片白斑）等品種。

星點蜘蛛抱蛋 *Aspidistra elatior* cv. Punctata

栽培

對環境適應性強，略具耐旱性，不懼冷熱。耐陰性在一般觀葉植物中堪稱最強的種類之一，在陰暗處葉色更加濃綠，接受日照反而會有葉片黃化的現象。土壤略乾就澆水。

應用

窄葉星斑生產5～7吋盆，植株較矮小，適合矮櫃、茶几上擺飾。寬葉品種大多7吋至1呎盆，葉叢較鬆散，適合單盆欣賞，擺於地面或矮櫃均可。蜘蛛抱蛋葉片寬又綠，加上線條漂亮，又是中國原產的植物，與青花瓷盆等富中國印象的容器最搭調。中庭造景，可用於樹蔭、牆角等陰暗處。葉片是插花常用葉材。

曙斑蜘蛛抱蛋
Aspidistra elatior cv.
Asahi

繁殖
春季採行分株繁殖，因為生長緩慢，不要將植株分得太細，栽種初期注意噴水保濕。

玉龍草
Ophiopogon iaponicus
cv. Gyokuryu

沿階草 *Ophiopogon iaponicus*

銀紋沿階草
Ophiopogon iaponicus
var. argenteo-marginatus

麥門冬
Liriope platyphylla

沿階草原產中國，自古就應用在中式庭園中，常種在石階、景石與步道旁的縫隙中，可以營造處處逢生機的野趣。葉片細緻、質感柔韌，具有很強的生命力與環境適應性。耐陰性強，古人亦用盆栽方式，擺飾於室內。

 栽培

喜好半日照環境，全日照也能正常生長。成長速度較慢，所以戶外栽培時要種密一些。耐寒耐熱，排水良好生長佳，栽培介質不能積水。

應用

沿階草葉片最細，多半用在戶外庭園的樹蔭、步道旁，作為修飾細節用。沿階草的變種「玉龍草」，葉片短縮捲曲，形貌玲瓏可愛，可單盆用精緻陶缽種植，配置於古董家具上，或於庭園密植作地被植物，在中日式庭園內應用最多。銀紋沿階草葉片較寬大，形似國蘭，可作室內盆栽或戶外地被植物用，切花葉材應用廣泛。

 繁殖

用分株法繁殖，3~5芽為一叢種在3吋盆內。

百合科

油點百合

學名：*Drimiopsis*
英名：Measles Leaf Squill

匙葉油點百合
Drimiopsis maculata

　　原產南非的小型球根花卉，花朵細小不足觀，主要欣賞它的葉片厚實的質感和斑紋。葉片有特殊的油漬斑點，品種有長葉、小葉、匙葉等變化，冬天會有枯葉休眠現象。油點百合葉片大型，銀灰色的底色上有灰綠色的油漬斑點，耐寒性較強，冬季不致完全枯葉休眠。匙葉油點百合葉片造型較特殊，淺綠色的葉片散佈深綠色油漬斑點，葉片冬季會完全落盡休眠。小油點百合植株小型，紅褐色的葉片上有銀色的斑點，球莖也是紅褐色的。

栽培
　　半日照即可，全日照葉片短縮斑點反而不鮮明。耐旱怕濕，土乾透才澆水。冬季最好移入室內窗邊栽培。

應用
　　多是3吋小盆栽規格，油點百合與匙葉油點百合可以長成5吋盆的大小，多用單盆欣賞或做組合盆栽的材料。小油點百合小巧可愛，可以與其他觀葉植物或多肉植物組合設計。

繁殖
　　分株繁殖，球根不要埋太深，只要根部埋入土內、球的部分露出土外。油點百合可以葉插，切下厚實的葉片，切成3公分一段插穗，注意介質不要太濕，初期生長較慢，等結球發根後生長速度便會加快。

小油點百合 *Ledebouria socialis*

松葉武竹 cv.
Asparagus cv.
Myriocladus

武竹

學名：*Asparagus*
英名：Asparagus

闊葉武竹
Asparagus asparagoides

文竹
Asparagus plumosus

狐尾武竹
Asparagus meyeri

鐮刀葉武竹
Asparagus falcatus

武竹因為莖部似竹而有刺而得名。葉片多已退化成針狀或已消失，像闊葉武竹的葉片，就是莖特化而成的假葉。武竹類的質感非常細緻，姿態則有不同變化，有的柔細、有的剛強，甚至有蜿蜒蔓爬的品種。根部具有肥大的儲藏根，可以儲裝水分抵禦乾旱。從根部抽枝長葉是共通的特徵，花朵白色非常細小，結紅色果實可以用來播種。武竹的園藝栽培種類多，具耐陰性可供室內栽培的有闊葉武竹、松葉武竹、文竹等。武竹、狐尾武竹、鐮刀葉武竹較適合戶外光線明亮處栽培。

栽培

文竹與闊葉武竹不耐旱，依照一般觀葉植物的澆水原則照料。其他的武竹都有耐旱性。

應用

文竹多3吋小盆栽，型態雅致，可以換成陶瓷盆栽培，頗有迷你竹子的韻味。闊葉武竹莖枝纖細柔弱，用來攀爬造型架最能發揮特色，用鳥籠或吊盆亦是創意的發揮。松葉武竹植株較高大，分枝茂密；狐尾武竹低矮成叢，兩者一般用單盆種植。武竹與鐮刀葉武竹適合吊盆應用或陽台花箱栽培欣賞垂曳的枝葉。

繁殖

採用分株與播種法。播種法採用紅熟的果實，洗淨果肉後取種子直接播種即可。

分株法用於叢生的種類，將植株一分為二，莖基相連的地方剪開，操作時注意莖上的銳刺。

武竹 *Asparagus densiflorus*

鴨跖草科

水竹草

學名：*Tradescantia*
英名：*Tradescantia*

斑葉水竹草
Tradescantia fluminensis cv. Variegata

鴨跖草科

觀賞性與生長速度表現突出的一科，大多是小型品種，喜好潮濕的環境，生長勢非常強，唯一的缺點是莖葉非常薄脆，容易受到外力傷害與悶濕產生誘發的病害。

葉片似竹而喜生長於潮濕環境而得名。莖葉水水嫩嫩的，鮮綠的色彩如翡翠般，為夏季帶來清涼無比的感受。市售有大葉銀紋品種與小葉乳黃條紋品種，翠玲瓏則隨手可得，反而少見有販賣者。生長速度極快，但是對病害的抵抗力不佳。

翠玲瓏 *Tradescantia fluminensis* cv. Viridis

栽培

多數種類喜好明亮光線，但強烈日照會造成曬傷，翠玲瓏葉片帶有革質，能適應全日照。喜好充足的水分，如果栽培環境通風不良，常處於悶濕狀態，則易患病害。春秋兩季生長情況良好，夏季要注意病害，冬季生長略顯停滯。

以，但不可踐踏。翠玲瓏有生命力強健與生長迅速的優點，可以在雨季時，將莖灑於地面或遮雨棚上，潮濕的坡地也適用，經常澆水保持濕潤，很容易就營造出濃密的綠毯效果。

錦葉水竹草
Tradescantia fluminensis cv. Laekenensis

銀線水竹草
Tradescantia albovittata cv. Albovittata

應用

枝條柔軟下垂，葉色清爽翠嫩，主要作為吊盆植物，生產規格多以生長茂盛的7吋盆居多。懸掛明亮的室內窗邊或陽台的避風、避陽處，太陰暗容易徒長壞損。戶外種於樹蔭下的陰蔽處當地被植物也可

繁殖

莖部十分容易長根，所以用扦插法繁殖，剪取帶兩節的枝條，直接扦插於盆內，保持濕度但注意盆土勿過於潮濕，大約一星期內可以發根成活。如果要種植吊盆，可以在7吋吊盆內扦插20~30枝枝條，長成後就會相當豐盛茂密。

吊竹草
Zebrina pendula

鴨跖草科

吊竹草

學名：*Zebrina*
英名：Wandering Jew

　　生長習性與水竹草相近，同屬匍匐性多年生草本。吊竹草葉片基色是紫紅色，上面有兩道寬大的銀色斑紋，在陽光下閃耀相當顯眼。吊竹草枝條生長迅速且有較強的向光性，垂曳的枝條不會直順，常呈末端翹起來的模樣。在山區已呈野生狀態，需注意防止其繼續蔓延，以免侵犯本土原生植物的生存空間。

植物使用，也可以直接扦插在大盆栽內，以覆蓋盆土表面並懸垂至盆外。因生長、繁殖容易，市面反而少見販售。

繁殖

　　用扦插繁殖簡而易行。剪取每段插穗帶兩節即可，直接插入盆中；若是要當地被植物，可直接扦插鋤鬆的地上。

栽培

　　半日照到全日照的環境都可以生長，陽光強烈莖部會短縮，葉片會增厚且豎起，葉色較紅。陰蔽地的生長環境，銀色的斑紋會更加鮮明。光線不足易徒長，有莖節長伸的現象就是光線不足，需移換位置栽培。喜潮濕的環境，土略乾就澆水，過於乾燥會有下端葉片枯萎的徵狀。

大吊竹草
Zebrina purpusii

應用

　　當吊盆或地被

吊竹草 *Zebrina pendula*

鴨跖草科

蚌蘭

學名：*Rhoeo*
英名：Boat Lily

原產西印度群島、中美洲熱帶地區，植株叢生狀，有粗短的莖。夏季開花，花序從葉片基部長出，紫紅色的花序的苞片形像蚌殼而得名，花朵白色。葉片的正面是灰綠色、葉背紫紅色，因植株類似中國傳統的觀葉植物—「萬年青」，所以也叫紫背萬年青。品種有蚌蘭、斑葉蚌蘭和景觀常用的小蚌蘭。

栽培

半日照至全日照都可以，全日照葉片較會豎直成放射狀，可以欣賞葉背亮眼的紫色。半日照環境葉片較低垂，姿態較優雅。稍具耐旱性，忌盆土潮濕。可放陽台及室內的明亮窗邊，屋頂花園或庭院栽培更適宜。

應用

單盆欣賞，以盆內種滿多株感覺才旺盛好看，單株則單純欣賞葉片的形色。小蚌蘭多當地被植物使用，與綠色草地對比鮮明，作色塊效果或花壇、草地圍邊都很好用。

繁殖

採扦插或分株繁殖法。可切下尚未長根的的新芽，直接插於盆中，或挖取從基部長出的芽，因為通常已經接觸土壤，多半已經長根，只要直接分盆種植即可。

紫錦草
Setcreasea pallida

學名：*Setcreasea*
英名：Purple Heart

紫錦草

原產墨西哥，莖葉皆呈深紫色，夏季開粉紅色三瓣的可愛花朵。枝條匍匐性，四散生長，株勢強健，具較強的耐旱性，但是型態稍感凌亂。適合當吊盆及地被植物使用，在強烈陽光下紫色的色彩表現更佳。

栽培
半日照至全日照環境都可以栽培，全日照葉色比較亮。乾旱時葉片會捲起，供水又會恢復正常。夏季生長迅速，需摘心修剪以控制高度、增進茂盛程度，

冬季寒冷會有休眠現象。

應用
因為繁殖容易栽培普遍，市面少見販售。可自行扦插成吊盆、盆栽，或種植成地被效果應用。紫色葉色為其他植物罕有，在配色上可以發揮陪襯的效果。

繁殖
扦插繁殖，成活相當容易。只要掐斷一段帶有節的莖，直接插於盆中即可成活。

玉如意
Chlorophytum cv.
Mandarin Plant

鴨跖草科

學名：*Chlorophytum cv. Mandarin Plant*
英名：Mandarin Plant

玉如意

原產中非的熱帶雨林，屬喜好溫暖的多年生草本。葉片平凡無奇，而引人注目的是它鮮豔的橘色葉柄，就像是假的植物一般。原生種並沒有這麼鮮豔的顏色，這個品種是人工培育出來的。春季會在莖頂開白花，但是花朵細小並不足觀。

栽培
喜好半日照環境，陽光直射有受日燒損傷之虞，光線不足會徒長且褪色，室內窗邊光線明亮處或陽台最適宜。葉片厚，稍具耐旱性，盆土不要太潮濕。冬季生長略顯停滯，應減少澆水頻度。

應用

單盆栽種就很美觀，可選用青花瓷盆或其他質感高雅的盆器。擺放的位置不宜太低，在矮桌、茶几、矮櫃上等地點，最能欣賞由橘色葉柄所賦予的亮麗豪華感。中大型的組合盆栽也可以當作主角使用。

繁殖

分株繁殖法，等植株自然萌生仔株時，取下來另行種植即可。

鴨跖草科	學名：*Siderasis fuscata*
絨氈草	英名：Brown Spiderwort

絨氈草
Siderasis fuscata

絨氈草顧名思義，只要摸摸它的葉子就知道名字取得多貼切，全株佈滿細密的絨毛，就像絨布一般。綠褐色的葉片有一條銀色的斑紋，配上紅褐色的絨毛，在不同的光線角度下呈現多變的色彩層次。地下根莖容易萌生新株，讓絨氈草盆栽總是生長得很茂密。

栽培

喜好半日照的環境，光線不足葉色會變綠，而且葉子抽長，形狀變的稀稀落落就不好看了。澆水不要澆到葉子上，以免水分被絨毛吸收滯留，容易誘發病害。

應用

特殊的觀葉植物，形色並不突出，所以要擺放在比較容易親近的位置，讓人體驗它毛茸茸的葉片質感。苗圃生產的大多數是5吋盆栽，可以換上型質較樸實的盆器，才能搭配它的個性。

繁殖

用分株法繁殖，只要在生長太密的時候換盆，同時剪下適當大小的仔株另行種植就行了。

絨氈草 *Siderasis fuscata*

孔雀竹芋 *Calathea makoyana*

竹芋

竹芋科

屬單子葉植物，分布於熱帶地區，與薑科相近。葉片上瑰麗的花紋與色彩是竹芋科觀葉植物最重要的觀賞價值。常見的觀賞種類有四個屬，分別是竹芋、葛鬱金、紅裡蕉、櫛花竹芋。其中以竹芋屬種類最多、觀賞性也最高。

竹芋因為葉片形狀與質感像竹子，而部分種類地下有塊莖且如芋頭般根出葉的生長型態而得名。竹芋科的植物大都有晚上葉片豎直的睡眠運動，當豎起時可以發現紫紅色的葉背。葉片上羽毛狀的華麗文飾，是竹芋最引人注目的焦點。熱帶地區常將竹芋當作庭園景觀中陰蔽地綠化材料的主角，細緻的觀賞重點與豐富的品種，讓竹芋也成為其他地區室內觀賞植物的熱門商品。

銀葉竹芋 *Calathea picturata* cv. Argentea

栽培

半日照最適合竹芋類觀葉植物的生長，因為它們不耐曬也不耐陰，室內窗邊的明亮光線最適合，用電燈補充照明也可以滿足它生長的需求。竹芋因為葉片薄，極不耐乾燥，所以使用空調設備的室內環境，要特別時常於葉面噴水以促進生長，防止葉片乾枯。根部細弱，所以盆土以疏鬆為要，排水透氣要好，避免盆栽底部用底盤浸水，這樣會使根部受損，植株就長不健康。冬季生長停滯，少數品種畏冷，冬季在室內栽培以禦低溫。

應用

竹芋類植株大小各有差

異，小型種類多栽培成3~5吋盆，大型種類以7吋盆較多。高度以斑馬竹芋高150公分為勝，圓葉紅線竹芋只有15公分高，所以在室內環境可以妥善利用各種不同品種，發揮所長。高的種類或是中型種在高腳盆的樣式，量體比較大，適合直接放置地面，欣賞葉片的造型與色彩，由於葉片的展幅較大，需要較寬的空間。中小型的品種，以擺放在桌面或矮櫃上較恰當，也可以作為組合盆栽的重要材料。在應用於盆組造景時，竹芋類總能發揮增加豐富度與強調熱帶氣氛的效果，應用種類以中大型種為主。

繁殖

採用分株繁殖法，當盆內植株生長密滿時，將植株取出從中間分為二至三叢，要注意不要分得太細散。相連部位可以用剪刀剪開，有球根的品種，要讓每一叢都有適量的球根。分別栽種後，要修剪過密的老葉減少水分蒸散，並移至濕度較高的場所保養，也可以先用大塑膠袋將植株套住，以免分株後植株呈現凋萎失水的狀態。

絨葉竹芋 *Calathea rufibarba*

紅紋竹芋
Calathea ornata cv.
Roseo-Lineata

美麗竹芋
Calathea × *Medallion*

斑馬竹芋 *Calathea zebrina*

119

斑葉紅裡蕉
Stromanthe san-guinea cv. Tricolor

竹芋科	學名：*Stromanthe* 英名：Never-Never Plant

紅裡蕉

　　竹芋類家族中耐候性最強的種類，可以在戶外全年生長應用。葉片裡側紅色、表面光滑質感似蕉葉而得名。與竹芋很大不同的地方在於會長出細長的莖，莖上有小葉叢並且開花，花朵鮮紅色頗為美觀，而且這個葉叢可以當作繁殖體使用。因為斑葉品種葉色斑斕美麗，又稱為三色竹芋或彩虹竹芋。

 栽培

　　葉片質地較厚，不似竹芋對濕度那麼敏感，比較適合戶外環境栽培使用。

應用

　　植株較大型，盆栽多7吋盆至1呎盆，栽培成豐盛茂密的盆栽擺設於大型空間內。戶外應用更廣泛，單叢種植或多株群植，可以營造色彩豐富的庭園景觀。

繁殖

　　扦插繁殖可以直接剪取莖上的葉叢種植；也可分株繁殖。

櫛花竹芋
Ctenanthe oppen-heimiana

竹芋科	學名：*Ctenanthe* 英名：Ctenanthe

櫛花竹芋

　　因為花序像梳子的梳齒一樣排列整齊，而梳子古代稱為「櫛」，這便是名稱的由來。葉片大型，植株生長方式與紅裡蕉相似，但是葉片薄，葉面上有美麗的羽毛狀花紋。

 栽培

　　喜好溫暖潮濕的環境，日照以半日照為佳，太陰暗生長柔弱易罹患病害。根部細弱不耐積水。

應用

　　生長茂密的一叢成株，直徑大約有1公尺，用大型盆器栽培或直接種於地上較適合。在中庭花園、樹陰下應用美化效果顯著。

繁殖

　　分株繁殖操作要點與竹芋相同。

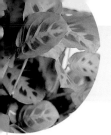

竹芋科

葛鬱金

學名：*Maranta*
英名：Prayer Plant

豹紋葛鬱金
Maranta leuconeura var. erythroneura

葛鬱金早自日據時代就已引進，供作糧食作物使用，因為地下有塊根似薑科的鬱金，塊根加工製成澱粉又與葛根相似，所以合起來便是「葛鬱金」這個名字。這個品種雖然已經不做農業上的大量栽培，但是在山區農民與生機農園還時常看到有人栽種。倒是觀賞用的葛鬱金，在觀賞植物的應用上比較普遍。素雅的豹紋葛鬱金葉片上有淺黑褐色的斑點，最奇特的紅線豹紋葛鬱金，在葉片上還有凸出的鮮紅色花紋，令人不禁感嘆大自然的神奇。

紅線豹紋葛鬱金 *Maranta leuconeura* ~

栽培

栽培要領與竹芋相同，葉片更薄因此更不耐旱，對低溫也較敏感。以室內明亮處栽培較佳，陽台栽培要注意夏季高溫與冬季寒流。根部細弱不耐潮濕。

應用

植株具匍匐性且低矮，可以做吊盆使用。盆栽使用的容器宜選用寬扁的造型，與植株的生長型態比較相配。色彩別緻特殊，適合近賞把玩，擺放位置以矮桌、茶几或窗台處較佳。

繁殖

扦插繁殖剪取短莖上的新葉叢來扦插，要剪掉些許老葉，並用套塑膠袋的方式，讓扦插好的植株可以在高濕度的環境下，防止葉片枯萎並促進發根成活。

葛鬱金
Maranta arundinacea

蘿藦科

學名：*Dischidia*
英名：Ant Plant

串錢藤

蘿藦科

花型十分特殊的一個科，園藝上可大致分為乾旱地的多肉植物種類，與森林性的蔓藤植物種類，當觀葉植物使用的有毬蘭與串錢藤兩種，另外葉形特殊的愛之蔓，通常歸類於多肉植物中。

特立獨行的一群觀葉植物，具有葉片繁密細緻與耐旱性的特徵，纖細的枝葉在吊盆的應用上有絕佳的表現。目前栽培應用的品種有4種之多，型態特徵各有微妙的差異，不妨以一網打盡為目標，來收集這些奇特又漂亮的寶貝植物。

栽培

半日照到全日照皆可，但是夏季以半日照最佳，以免葉片受烈日曝曬，有黃化之虞。不耐陰，室內陰暗處不可放置過久。栽培場所以庭園樹下懸掛，或陽台避光處與室內明亮的窗邊。

具耐旱性，根部忌潮濕積

串錢藤 *Dischidia major*

百萬心 *Dischidia ruscifolia*

水。空氣濕度高，會誘發枝節處長氣生根，有助於生長發育。

栽培介質用疏鬆培養土或細蛇木屑均可，或用蛇木柱、椰纖柱供其攀附生長。

春夏季可每月噴施一次觀葉植物用的液體肥料。

植株一般不必修剪，如有枝條長伸紊亂的現象，可以修剪部分枝條，整理之餘還可以繁殖用。

 應用
主要供吊盆使用，懸掛在壁上或樹上別具風情。

 繁殖
用扦插或播種繁殖。

巴西之吻 *Dischidia pectinoides*

聚錢藤 *Dischidia bengalensis*

三色毽蘭
Hoya camosa cv.
Tricolor

捲葉毽蘭 *Hoya camosa cv. Co...*

原產亞洲到太平洋群島熱帶地區，有原生種200多種。大多是生長於樹幹、岩壁的著生性品種，以節上的氣生根攀附生長。葉片厚，耐旱力強。花瓣臘質厚實，質感晶瑩剔透，花蕊紅色半透明狀，像寶石鑲嵌一般。多朵花聚成球狀，而生長形態似蘭所以稱毽蘭。台灣原生中低海拔森林就有綠葉的毽蘭生長，園藝品種有單純乳白色斑紋的斑葉毽蘭、斑葉之外新芽還帶紅色的

心葉毽蘭
Hoya kerrii

三色毽蘭、葉片縮捲像辮子的捲葉毽蘭、與情人節暢銷的心葉毽蘭等。

栽培

喜好半日照的柔和光線，全日照葉片黃化，陰暗處葉片很綠，但是新長出的葉子斑點會越來越少，而且會不開花。空氣濕度高對生長極有幫助，但是切勿讓盆土積水，否則會很容易腐爛。

應用

枝條具蔓延性，如果碰到粗糙潮濕的立面會攀附生長，否則就會蜿蜒下垂，是良好的吊盆植物。也可以將健壯的莖直接綁在樹上，模擬自然生長的樣子。3吋的迷你盆栽，則是相當好用的組合盆栽材料。心葉毽蘭葉片特別厚，且形狀像愛心，多推廣作為情人節最可愛的花禮。

繁殖

扦插繁殖容易成功，取帶有一對葉的莖段扦插即可，扦插時介質不要太濕，以免腐爛。

斑葉毽蘭
Hoya camosa cv.
Variegata

酢醬草科

小紅楓

學名：*Oxalis hedysaroides cv. Rubra*
英名：Fire Fern

小紅楓
Oxalis hedysaroides cv.
Rubra

　　低矮的常綠小灌木，雖然長得很奇特，不過確實是酢醬草的一種。紅色的葉片薄嫩，在陽光下呈半透明狀，葉柄與枝條都很纖細，開小黃花，如黃花酢醬草。它的葉片經碰觸會下垂，只是動作幅度較小，感覺反應沒有像含羞草那麼劇烈。

為組合盆栽材料，因它葉片細小且顏色深，不宜與其他中大型植物搭配，以免被埋沒不見。

繁殖
以扦插為主，剪下較粗壯的枝條，直接扦插即可。

栽培
半日照至全日照，半日照環境如陽台、窗戶邊都很合適。全日照環境須注意水分充足，介質略乾就要澆水。澆水要澆到土壤，不要用強力水壓沖淋葉片。由於葉片薄，對藥劑敏感，使用肥料、農藥時濃度都不能太高。

應用
3～5吋小盆栽最多，適合單獨欣賞，或作

小紅楓*Oxalis hedysaroides cv. Rubra*

紫葉酢醬草
Oxalis regnellii var. atropurpurea

酢醬草

學名：*Oxalis*
英名：Lucky clover

酢醬草是嬌小玲瓏的球根性觀賞植物，有許多觀花的品種，其中紅葉酢醬草、四葉酢醬草等品種的葉片富特色，也當作觀葉植物使用。

栽培

生長需要充足的日照，光線不足會有葉柄伸長萎軟的徒長現象。春秋兩季生長良好。不耐旱，夏季必須注意水分供應。冬季低溫會有葉片乾枯的休眠情形，可減少澆水次數以助越冬。

四葉酢醬草
Oxalis deppei

應用

紅葉酢醬草生長較強勢，可以成片種於地面當地被植物使用。四葉酢醬草比較細弱，僅供單獨盆栽與組合盆栽配植使用。酢醬草的花葉都是絕佳的壓花材料，尤其四葉的品種與傳說的幸運草相同，壓花作品很受歡迎。

繁殖

用分株繁殖法，只要將葉片基部的珠芽剝下另外種植就可以了。

四葉酢醬草*Oxalis deppei*

| 蝶形花科 | 學名：*Christia vespertilionis* |

飛機草

　　一年生草本，葉形像機翼也像迴旋標，所以叫飛機草。它的葉柄、枝條纖細，感覺輕柔脆弱，開花後會結小豆莢，可採種繼續繁殖。半日照到全日照都可以生長，不耐旱，所以土壤略乾就要澆水。市面販售都是3吋小盆栽規格，需要換5~7吋盆種植。

飛機草 *Christia vespertilionis*

| 蝶形花科 | 學名：*Desmodium gyrans*
英名：Telegraph Plant、Dance Plant |

舞草

　　一年生草本，葉片看似平凡無奇，但是只要感受到震動或觸摸，就會有運動反應。尤其是每片三出複葉中的兩片小葉片，在感受到像放音樂時空氣的震動，就會像舞蹈般旋轉擺動，非常有趣，常引起小朋友的高度興趣。喜好高溫全日照，植株成熟開花可自行採種子播種。

舞草 *Desmodium gyrans*

蝶形花科

綠元寶

學名：*Castanospermum australe*
英名：Moreton Bay Chestnut、Black Bean Tree

　　幼小的芽從像元寶般的大顆種子中長出，翠綠的羽狀複葉疏落有致，這就是俗稱綠元寶的澳洲栗。它是原產澳洲的高大喬木，不知誰開始用種子來栽培，創造了一個新的觀葉植物。幼苗適應室內的半日照環境，隨日漸成長茁壯後，就要移出戶外種植，但是大株就較無可供觀賞的特色。

綠元寶 *Castanospermum australe*

虎耳草科

虎耳草

學名：*Saxifraga stolonifera*
英名：Strawberry Geranium

　　原產東亞的多年生草本，喜好潮濕涼爽的氣候。具有走莖，可以藉此蔓延生長。葉形可愛像老虎耳朵，故名虎耳草。原生種就很有可看性，斑葉種有粉紅色的斑紋，但是生長勢較弱。

 栽培
喜好半日照光線，高濕度可以促進生長。

應用
可當地被植物種於牆角、樹蔭下等陰蔽處，單盆種植也不錯，而當吊盆應用時須特別注意水分供給。

繁殖
繁殖採用直接牽引走莖到新盆內生長的壓條法。

虎耳草 *Saxifraga stolonifera*

唇形花科

到手香

學名：*Plectranthus*
英名：Plectranthus amboinicus

香妃葉
Plectranthus cv.
Mint Laef

多年生匍匐性草本植物，有缺刻圓形或橢圓形葉片，質地厚實。香妃葉葉片觸感粗糙，有清爽香味，葉片小而排列緊密，枝條四散生長。到手香葉片最厚，香味最為濃烈，枝條較直立。

栽培

香妃葉光線適應性較強，半日照或全日照都可以生長，但是夏季氣候過於炎熱時，還是半日照比較妥當。到手香喜好全日照的光線，如此株形緊密更好看。三種都具有耐旱性，土乾了再澆水即可。

應用

香妃葉多生產3吋小盆栽，單植、組合或換盆種成吊盆都合適，作為地被植物蔓爬覆蓋地面效果絕佳。到手香適合盆栽與地被方式應用，民間也常當藥草使用。

斑葉到手香 *Plectranthus amboinicus* cv. Variegated

到手香
Plectranthus amboinicus

錦葉到手香
Plectranthus amboinicus
cv. Ochre Flame

繁殖

三種都用扦插繁殖，取四片葉子帶有兩節的枝條扦插，成活率非常高。

血葉蘭
Ludisia discolor

蘭科

學名：*Ludisia discolor*
英名：Gold Lace Orchid

血葉蘭

原產馬來群島，深紅褐色葉片上有金色或紅色線條，富有神祕感，與其他植物搭配，能突顯特色。因為形似金線蓮，所以有人誤稱為美國金線蓮，但它純屬觀賞植物，無藥用用途。春季開成串白色花朵，也有觀賞價值。

血葉蘭 *Ludisia discolor*

 栽培

植株健壯抗病蟲害，它的匍匐莖粗大，可以儲藏水分養分，所以稍具耐旱性，須等介質乾才澆水。

 應用

生產規格有3吋迷你盆栽，最適合組合盆栽使用。也有5吋盆栽，可單獨擺放欣賞。

 繁殖

繁殖採用扦插法，於溫暖季節進行。

蘭科

學名：*Anoectochilus formosnus*
英名：Taiwan jewel orchid

金線蓮

原產台灣，為著名的藥用植物，但是像黑絨布的葉片上呈現的金色細紋，讓它也有很高的觀賞價值。喜好半日照到陰暗的環境，所以適合室內栽培，植株較迷你，多株密植才有較好的觀賞效果。繁殖採用扦插法。

金線蓮 *Anoectochilus formosnus*

天南星科

黛粉葉

學名：*Dieffenbachia*
英名：Dumbcane

白玉黛粉葉 *Dieffenbachia cv. Camille*

天南星科

天南星科原產於全球熱帶地區，種類繁多、型態豐富，喜溫暖潮濕，適應低光照，非常適合室內栽培，因此在全球觀葉植物市場奠下無可取代的重要地位。

大多數天南星科為多年生草本，佛燄花序是它的主要特徵，如佛燄般的苞片，保護著中間的肉穗花序。不管植株的佛燄花序長得多怪異，花序的基本構造不變。

天南星科植物型態多樣，可分為三大類：一、蔓藤型的；二、根出葉呈放射狀的；三、會分枝成叢的，如黛粉葉。值得注意的是，天南星科植株體內含有草酸鈣，碰觸到它的汁液，皮膚會敏感，引起搔癢，所以移植或修剪時最好配戴手套。

原產熱帶美洲，中文名稱是以學名Dieffenbachia音譯，用字十分貼切。它的特性是斑駁的葉片，葉色變化從不同深淺的綠色到白色。色斑成點狀、脈紋、潑墨或成片大面積分佈都有，組合變化無窮。黛粉葉的植株大小差異很大。如莖粗如甘蔗的大王黛粉葉、白脈黛粉葉等，高度超過一公尺；小型的白玉黛粉葉、密葉黛粉葉等，只有20公分高，適合放桌上欣賞。

黛粉葉植株的草酸鈣是天南星科植物中含量較高、且植株傷口汁液最多的，沾到皮膚後紅腫搔癢的不適徵狀會較嚴重，進行修剪或扦插時記得穿長袖衣服並配戴手套；如果家中有幼齡正逢口慾期的小朋友，最好先不要栽種。

栽培

喜好半日照環境，曝曬太陽葉片會焦黃，所以適合室

Dieffenbachia cv. Freckles

黛粉葉 *Dieffenbachia amoena*

翠玉黛粉葉 *Dieffenbachia cv.Exotica Compacta*

黃金熱帶玉黛粉葉
Dieffenbachia cv. Tropic Breeze

瑪莉安黛粉葉
Dieffenbachia cv. Tropic Marianne

內應用，窗邊明亮處生長最佳，耐陰性不及粗肋草。尤其斑點多的品種，光線越明亮越能讓色彩鮮明。介質略乾才澆水，根部不耐水濕。葉片薄的缺水葉片會塌，葉片厚者較耐旱。

應用

黛粉葉的規格很多，大型的適合做庭院或室內造景的主角，因它葉片寬大且株型氣勢俱佳，也可以種在大型的陶甕、瓷缸內，擺放於門廳、主管室內，感覺大方又氣派。7吋盆的中型品種適合成排擺放，

Dieffenbachia cv.

閃耀黛粉葉 *Dieffenbachia cv.* Sparkles

白玉黛粉葉 *Dieffenbachia cv.* Camille

夏雪黛粉葉 *Dieffenbachia cv.* Tropic Snow

高度約從膝到腰之間（50~80公分），可以讓室內環境充滿綠意，而且葉色鮮明，美化效果顯著，在組景中群組設計可以讓景緻更加亮眼。高度30~50公分、規格3~5吋的白玉黛粉葉、翠玉黛粉葉等小型品種，最適合當小品盆栽或做組合盆栽的材料。

繁殖

在暖季用扦插法繁殖，取主莖或側莖切下分段，約7~10公分長，至少含2~3節，橫放、直放皆可，但不能頭尾顛倒。將葉片剪除，並等切口陰乾後才扦插。

粗肋草

原產東南亞濕熱的叢林中，有50多種原生品種，觀賞品種多產於馬來西亞。型態很像黛粉葉，但是葉片呈革質狀，表面光滑油亮，斑紋以銀色為主，除此之外與黛粉葉實在很難憑外觀加以分別。葉色變化多，以銀色為基底，白脈，黃斑、銀斑者都有。

它是天南星科中耐陰性最強的種類之一，僅靠燈光下也能正常生長。成長較慢，對疾病的抵抗力強。因為具備上述特性，使他成為公共空間綠化的主要材料，各國育種興盛，在泰國等東南亞地區，粗肋草成為園藝家爭奇鬥豔的植物，甚至培育出橘色、紅色葉片的品種，相信在未來會有普及性的橘斑品種，讓室內觀葉植物更增添一個明星。

最早栽培的品種是綠葉的粗肋草又名廣東萬年青，因為原產廣東且終年常青而得名。粗肋草之名是因為有品種的葉片，具有明顯的粗大肋脈。

細紋粗肋草 *Aglaonema Maria*

白脈粗肋草 *Aglaon...*

銀后粗肋草 *Aglaonema cv. Silver Queen*

斑馬粗肋草 *Aglaonema...*

栽培

　　陰暗到半日照都可以適應，但以半日照生長最優，曬太陽會有日燒之虞。稍具耐旱性，可以觀察葉片略有萎軟才澆水，空氣濕度高可以促進生長。

應用

　　主要供組合造景及公共空間佈置用。最常見是7吋盆、高約50~70公分的種類，銀后粗肋草是最普遍的品種，大片銀色斑紋在暗色背景前表現亮眼，常在走道、迴廊等空間成列排放，茶几、隔屏、矮櫃上擺放其他葉色的新興品種，效果亦很突出。單植宜選特殊的品種較有觀賞性，如白脈粗肋草、白柄粗肋草等。

繁殖

　　具地上莖的品種用扦插法繁殖，剪下枝條修除葉片後扦插，初期生長相當緩慢。具地下匍匐莖的品種用分株法繁殖。

銀道粗肋草 *Aglaonema cv.*

白柄粗肋草
Aglaonema commutatum cv. White Rajah

粗肋草 *Aglaonema modestum*

蔓綠絨

學名：*Philodendron*
英名：Philodendron

心葉蔓綠絨
Philodendron scandens

　　原產熱帶美洲，品種非常多且形貌變化萬端，有長得像芋頭的、也有形似黃金葛的，甚至和粗肋草相像的也有，常讓人們對種類的鑑定摸不著頭緒。它的觀賞價值在堅韌耐久的葉質與變化多端的葉形，有圓形、心形、提琴形、芭蕉形、羽裂形等造型；葉子的基本色調有綠、黃、紅及較少的斑葉品種。常見的蔓綠絨依型態可略分為兩類，蔓藤型與叢生型。蔓藤型有長伸的莖部，在莖節處容易長出氣生根，藉以攀爬在樹石表面上。叢生型的葉片集中在莖端，呈放射狀排列。有的種類莖部短縮，如帝王蔓綠絨；有的莖部會慢慢伸長，如奧利多蔓綠絨。

栽培

　　大多數品種喜好半日照環境，少數品種可以接受全日照，葉片濃綠且質地厚的品種耐陰性強，用燈光照明也可維持正常形貌。一般品種都稍具耐旱性，葉片薄的品種，土稍微乾了就要澆水。

羽裂蔓綠絨 *Philodendron selloum*

奧利納蔓綠絨 *Philodendron*

佛手蔓綠絨
Philodendron cv.

立葉蔓綠絨
Philodendron martianum

金帝王蔓綠絨
Philodendron cv.
Moonlight

金王子蔓綠絨
Philodendron domesticum cv.

黃金心葉蔓綠絨
Philodendron scandens aureum

應用

蔓藤型的蔓綠絨多用做吊盆以及附柱型的落地盆栽，如：心葉蔓綠絨、鋤葉蔓綠絨、銀葉蔓綠絨多供吊盆用。魚葉蔓綠絨、提琴葉蔓綠絨、紅公主蔓綠絨等多植成附柱型。叢生型品種多做7吋以上盆栽，如：帝王蔓綠絨、立葉蔓綠絨。單盆可獨立欣賞它的葉形、植株造型；基調為綠色的品種，多做背景陪襯角色。也有品種可當切葉使用，如佛手蔓綠絨、羽裂蔓綠絨、奧利多蔓綠絨等。

繁殖

蔓性品種用扦插繁殖，操作簡單，生長也快，只要在暖季剪取一節的莖扦插即可；叢生性的品種一般生長緩慢，不太容易萌生仔株，只有在植株老熟或頂芽壞損時比較會萌生，此時就可以切下另行種植，農民大量生產多用組織培養的方式繁殖。

魚葉蔓綠絨 *Philodendron florida beauty*

天南星科

黃金葛

學名：*Epipremnum aureum*
英名：Pothos

原產所羅門群島的蔓藤植物，葉片天生就有黃色斑紋。比較特殊的是，莖上的葉子會因為生長方式，而有不同型態。當它是吊盆，莖蔓向下垂曳生長時，葉片會逐漸變小；如果將它種植在地面，當莖端碰到樹幹、牆面等垂直面時便會向上長，莖上會長出氣生根攀附，葉片則會越變越大以吸收更多陽光。所以葉片大小相差將近數十倍。品種有一般的黃斑原生種與白斑的變種，整片葉子黃色的萊姆黃金葛因為葉色鮮明，在造景佈置上經常使用。

萊姆黃金葛 *Epipremnum aureum cv.*

及水耕材料。七吋吊盆作單盆懸掛用，或改種於花箱，作中庭垂簾。也有小蛇木柱的7吋柱狀黃金葛，當辦公室綠隔屏最好用；1呎盆的落地大型黃金葛，多用在公共空間綠化，擺放在走道或角落邊不佔位置，綠化效果又好。

黃金葛 *Epipremnum aureum*

白金葛
Epipremnum aureum cv.

栽培

全日照、半日照到陰暗處都可以生長，但是陰暗處栽培日後長出的葉片斑紋會消失，完全變成綠色。夏季陽光強烈，全日照會有日燒的可能，春秋兩季較無妨。室內窗邊、陽台、與樹蔭下等半日照環境最佳，斑點表現最美。稍耐旱，土乾才澆水。很能適應水耕，但種土的植株不能積水。

應用

3吋迷你型可做組合盆栽

繁殖

黃金葛的生命力旺盛，容易發芽。用扦插繁殖幾乎百分之百存活。插穗取·節的一段莖即可，甚至無葉也可（葉可剪掉），密插介質中，大約三個月就可以長成一盆非常茂盛的盆栽。

觀音蓮

　　原產亞洲地區，有70多個原生種，台灣常見有5、6種供觀賞用，屬常綠或球根性觀葉植物。有些種類有發達的地上莖部，葉子從莖上呈放射狀著生，葉片為濃綠色，如姑婆芋、尖尾芋(佛手蓮)，葉片終年長綠。有些種類則是有地下發

觀音蓮 *Alocasia* ×-*amazonica*

達的塊根，如黑葉觀
音蓮、絨葉觀音蓮
等，冬季會枯葉休
眠。

栽培
　喜好半日照環
境，姑婆芋和尖尾芋
可以逐步適應全日
照，如果放置室內以
窗戶邊為佳，太陰暗
莖部會徒長，型態變
得細瘦難看。姑婆
芋、尖尾芋耐旱性較
強，球根性種類土乾
了再澆水。觀音蓮屬
都喜好高溫多濕的生
長環境，尤其是球根
性的種類，在戶外逢
冬季低溫會休眠，所以要移置
於室內栽培欣賞。

應用
　觀音蓮型態與色彩紋路
很有個性，黑色葉子上有白線
條，頗具現代感。白色盆器可
以突顯植株特色，單盆擺放就
很好看；組合時，可當高的素
材，也很好搭配。尖尾芋象徵
吉祥，作水耕或趣味栽培，可
看性高。姑婆芋是很好的室內

綠化植物，因為它的葉片大，
種一兩棵即顯得綠意盎然，充
滿原生氣息。空間若想要表現
叢林或鄉土味道，用姑婆芋很
好表現。

繁殖
　觀音蓮主要採分株法繁
殖，原球莖周圍會長小球莖，
小球莖長大後就可分株種植。
姑婆芋可以分株、也可以用種
子繁殖。

絨葉觀音蓮 *Alocasia cv. Frydek*

龜甲芋
Alocasia cuprea

姑婆芋
Alocasia loweii

尖尾芋（佛手芋）
Alocasia cuculat

彩葉芋

原產熱帶美洲的球根性觀葉植物，有15種原生種，以其中兩、三種雜交成現有的品種。彩葉芋以欣賞葉片為主，葉片有斑斕色彩，紅色、粉紅、橘色、白色細點或像潑墨塊斑分佈其上，也有具脈紋的品種。葉形多呈箭頭形，依葉片型態可分大葉及小葉種，目前觀賞以大葉種為主。植株有地下塊莖，冬天地上葉片會枯死而進入休眠。花白色，佛燄苞很秀氣，也具有觀賞性。

栽培

全日照或半日照皆可。日照不足，葉片少、葉柄細長且葉色不鮮豔。擺放窗邊，葉片容易向光生長而有傾一邊的現象，需要每周轉動一次方向；戶外或陽台最好，葉色鮮明無比。彩葉芋稍具耐旱性，待土乾再澆水即可。

應用

單盆觀賞就很美。因它耐候性強，又不怕雨水沖淋，適合用在花園、馬路安全島上，以葉片顏色取代花色。

繁殖

以分株法繁殖，在冬末挖出塊莖，切分成數等份，放置陰涼通風處等傷口乾燥，待天氣漸暖時再種植。

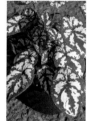

迷你彩葉芋
Caladium humboldtii

天南星科

學名：*Anthurium*
英名：Anthurium

火鶴花

火鶴花又名花燭，原產於熱帶美洲，有600多種原生種，有蔓藤型、叢生型之分。依觀賞重點可分觀花品種與觀葉品種兩大類。觀葉品種最普遍的是「水晶花燭」，佛燄苞窄小易乾枯沒有觀賞價值，重點是絨布樣的葉片，葉脈有晶亮的銀白色線條，幼株時葉脈顯得較寬大，爾後隨葉片增大葉脈亦隨之變細。此外還有新引進，葉片像一般觀花品種，但是葉緣呈波浪狀的波浪葉火鶴花，其他的觀花火鶴花，在無花可賞時，寬大的濃綠葉片也有一定的可看性。

水晶花燭 *Anthurium clarinervium*

栽培

火鶴花喜高溫多濕，耐陰性強，適合室內種植。因為它生長緩慢，縱使環境不良徒長壞損也慢，所以感覺很耐久。葉片厚革質所以具耐旱性，室內植株一周澆一次水即可，但保持環境濕度對生長有益。

應用

觀葉品種以3~5吋小品盆栽居多，可單獨擺放或作為組合盆栽材料。大植株的葉片也可做切葉，用在展現異國風味的花藝，並且欣賞它的葉片線條紋路和質感。

繁殖

採高壓法或分株法繁殖。高壓法是選莖長高有氣根處，用水苔包一團，再以塑膠袋密封，刺激它長新根。長根後切下，就自成一株了，而原株仍可再生長。分株法則在萌芽處切下，選已經長根的芽比較好，並且將葉片剪除比較容易存活。

波浪葉火鶴花
Anthurium cv.

天南星科

白鶴芋

學名：Spathiphyllum
英名：Peace Lily

原產熱帶美洲，原生種有35種。白鶴芋花葉俱美，花型佳，葉薄而綠意盎然，室內綠化效果好。觀葉為主的品種有綠巨人白鶴芋，葉片大型；迷你的白斑白鶴芋，則花葉具美。

栽培

耐陰性強，陰到半日照皆可。半日照環境，花開得最好；陰暗環境也會開花，但開花數少。綠巨人和中斑品種稍耐旱，其他觀花品種因葉片薄嫩，較不耐旱。

應用

綠巨人白鶴芋多做背景陪襯用，因其葉片多，視覺上很壯觀。單獨種於大型盆栽中，在較

白鶴芋 *Spathiphyllum Sensation*

開闊的空間使用效果最好。白斑白鶴芋多做為組合盆栽材料或單獨當小盆栽欣賞。

繁殖

綠巨人白鶴芋的苗為組織培養繁殖，自行繁殖要待植株老熟才比較可能萌生小株。白斑白鶴芋可用分株法繁殖。

白斑白鶴芋 *Spathiphyllum*

天南星科

合果芋

學名：*Syngonium*
英名：Arrowhead Vine

原產熱帶美洲，有20幾個原生種，園藝品種很多。它的特性是，葉子會隨著成長變化，幼葉呈箭頭形，隨日漸成長，葉片會逐漸分裂成三叉，多至七、八個分叉，形狀完全改變，幾乎讓人認不出來是合果芋。合果芋不但葉子大小差別大，顏色也多樣，有原始綠底白斑、紅斑、紅褐斑、綠中帶紅、純白色、綠白相間等，變化相當豐富。

 栽培

耐陰性強，陰到半日照皆可。一般園藝品種不能直接曬太陽，否則葉片會曬傷。原始的綠葉品種，可以逐漸適應全日照的環境。不耐旱，乾燥缺水會生長不良，喜好耐濕環境，可以適應水耕，但是盆栽不能積水。

應用

合果芋規格3~7吋不

合果芋 *Syngonium podophyllum*

白蝴蝶合果芋
Syngonium cv.White Butterfly

紅蝴蝶合果芋
Syngonium Red Maya

絨葉合果芋
Sygonium wendlandii

綠精靈合果芋
Syngonium cv. Pixie

等，3吋迷你盆栽的合果芋，袖珍討喜，可做組合盆栽的材料，單盆擺放在桌上，相當惹人憐愛。吊盆栽培較少見，因為枝條容易亂翹，感覺比較凌亂。也有以7吋盆附柱栽培的，是特殊的變化造型。

繁殖

扦插繁殖，插水就能活，欣賞兩三片葉子，造型可愛。如要盆栽則直接扦插於盆土中，多插幾支生長才茂密。

147

蓬萊蕉

窗孔蓬萊蕉
Monstera epipremnoides

　　原產熱帶美洲的大型蔓藤植物，有20多種原生種，觀賞用的有3~4種，本地常見的有2種，一個是窗孔蓬萊蕉，葉片如手掌大，有許多像蟲咬的圓形穿孔；二者是蓬萊蕉，葉片像小桌子大，有很深的裂痕與點點穿孔，型態落落大方，葉形十分別別致，深受人們喜愛。蓬萊蕉的花序成串像玉米，成熟後有鳳梨味而口感像香蕉，因此叫做「鳳梨蕉」，諧音蓬萊蕉；因為它的根似電線，也稱做電信蘭。大型的葉片像龜甲，因此大陸方面稱為龜背芋或龜背竹。

栽培

　　蓬萊蕉在全日照至半日照環境都可以生長。種在牆邊或庭園的假山上會用氣生根攀爬。由於生長緩慢，因此觀賞期持久，具有耐旱性，土乾了再澆水即可。窗孔蓬萊蕉半日照到陰暗可，但是葉片薄，不能接受日曬。不耐旱，環境濕度越高，對生長越有幫助。

應用

　　大株的蓬萊蕉多用在戶外造景，種在假山或壁面，讓它附著。室內種多數是買苗回來栽培，欣賞大型的葉片，葉形有缺口變化，不但特殊，而且很有現代感，放在室內常成為注目的焦點。窗孔蓬萊蕉屬蔓性，可做吊盆或附柱型的盆栽。兩種蓬萊蕉也都是很好的插花葉材。

繁殖

　　窗孔蓬萊蕉扦插繁殖，做法如黃金葛。蓬萊蕉採高壓繁殖，在莖節包覆水苔，促其發根再剪下種植。

蓬萊蕉 *Monstera deliciosa*

拎樹藤

學名：*Epipremnum pinnatum*

　　台灣原產的拎樹藤，觀賞價值在它有著羽狀深裂的葉片。耐陰性強，陰到半日照皆可，商品生產多以攀柱型的落地盆栽，供室內綠化用；戶外背陽的壁面也適合種來攀牆。用扦插法繁殖。

翡翠寶石

學名：*Homalomena Emerald Gem*
英名：Emerald Gema

　　心型葉呈放射狀密集排列，革質光亮的葉片十分耐久，在室內栽培不易壞損。耐陰性強，陰到半日照皆可。葉片可當葉材。

翡翠寶石 *Homalomena Emerald Gem*

天南星科

星點蔓

學名：*Scindapsus pictus*
英名：Satin Pothos

　　型態像黃金葛，葉大如手掌，革質、表面粗糙，反光質感似絨布，非常特殊。

　　有7吋盆50公分高的柱狀規格；也有吊盆。照顧和繁殖都如黃金葛。

星點蔓 *Scindapsus pictus*

天南星科

石菖蒲

學名：*Aphelandra squarrosa*
英名：Sweet Flag

　　原產中國的觀葉植物，與端午節應用的菖蒲同類，但是型態非常迷你，古代文人就常與樹石盆景組栽，在房舍中欣賞。耐陰性非常強，且喜好潮濕，適合水耕栽培。有短葉的綠葉品種與長葉的斑葉品種。

斑葉石菖蒲 *Acorus gramineus cv.*

天南星科 美鐵芋

學名：*Zamioculcas zamiifolia*
英名：Aroid Palm, Arum Fern

目前最流行的金錢樹，因為葉片形似美葉蘇鐵而地下有肥大的儲藏塊根而得名。葉片厚實表面帶革質可以減少水分蒸散，葉柄粗大可以儲藏水分養分，加上有地下塊根，所以外國書籍將它歸類於耐旱性強的多肉植物。

生長緩慢，對光線的適應性強，在半日照的室內也可以觀賞很久的時間，如果太陰暗，新長出的葉片會比較柔弱。

繁殖採用扦插法，剪下葉莖可以切成每段具3片小葉，扦插容易成活，但是生長十分緩慢。

輪傘草
Cyperus alternifolius

斑葉輪傘草
Cyperus alternifolius

多年生的水生植物，根部浸於水中生長迅速，但是在一般介質栽培只要充足供應水分也可以生長良好。葉子排列似雨傘又似輪輻，所以叫輪傘草。

栽培
半日照或全日照均可，半日照葉片生長較疏，全日照葉片緊密且葉色濃綠。

應用
水生植物組合設計的主要材料，可以用發泡煉石單獨水耕，擺在室內明亮處相當持久。

繁殖
分株或扦插繁殖。扦插可把葉叢壓進水中或摘下插在水中即可。

畦畔莎草Cyperus haspan

紙莎草Cyperus papyrus

它的造紙功能在名稱中被強調，因過去埃及人把它壓扁成紙，加以利用。它的造型具異國風味，適合種在大甕中或水邊，但須避免種在風大的地方，它的莖稈經風吹易折倒。

栽培
半日照至全日照，全日照最好，室內不適合。原是水岸植物，須種在水裡。用缸種植，泥土至少泡水十公分。

應用
造景用，可營造異國氣氛。也可做花材，最好現採現插，因為它不耐儲存與運輸。

繁殖
分株繁殖。

葡萄科

觀賞葡萄

學名：*Cissus*
英名：Grape Ivy

葡萄科有數種蔓藤當作觀葉植物使用，較常見的有兩種，一是生長強旺的菱葉藤，一是比較嬌弱但是葉片色彩美麗的錦葉葡萄。兩者皆為蔓藤，可懸垂，也有捲鬚供攀爬。錦葉葡萄有長水滴形葉片，葉背紫色，葉面紫底有銀色斑紋，具神祕感覺。它色彩特殊，質感似絨但不具絨毛，像是壁毯的花紋。葉子下垂，可做吊盆或立柱造型。菱葉藤感覺像爬牆虎，葉片光亮有缺刻、全綠，像橡樹葉。市面上只有菱葉藤吊盆，其實它

也可用捲鬚攀爬。

栽培
半日照。土乾才澆水。錦葉葡萄不耐旱，缺水會掉葉；菱葉藤較耐旱。

應用
以吊盆懸掛或做綠雕，也可讓它們攀爬較不明亮的窗戶。

繁殖
扦插繁殖，取成熟枝條扦插。

錦葉葡萄*Cissus discolor*

菱葉藤*Cissus rhombifolia*

菊科	學名：*Gynura sarmentosa*
	英名：Velvet Plant

紫絨藤

　　跟紅鳳菜非常相似，但是全株佈滿紫色絨毛，觸感、形貌都非常特殊。花朵橘色，有特殊氣味。

 應用
主要當吊盆或組合盆栽材料。

栽培
　　適合半日照環境栽培，光線越亮絨毛就會越密，色彩顯現得更加豔麗。稍具耐旱性，土乾了才澆水。

繁殖
繁殖採用扦插法，成活率非常高。

紫絨藤*Gynura aurantiaca* Purple Passion

菊科	學名：*Senecio*
	英名：Senecio

綠之鈴

　　葉子球狀像豌豆，一串串如鈴鐺，非常可愛。常見相近品種有三種。「綠之鈴」葉片呈圓形；「弦月」葉片為紡錘形、生長最強健；「上弦月」葉片為香蕉形，最為少見。其中最普遍的是弦月。

栽培
　　半日照即可，陽光太強葉子會變褐色且失去光澤；沒有陽光則容易腐爛，所以放窗邊或不受陽光直射的陽台最適合。稍具耐旱性，但能照一般花卉正常澆水，會生長得比較快，葉子也容易維持鮮嫩飽滿狀態。過於缺水葉子會失去光

綠之鈴*Senecio rowleyanus*

弦月 *Senecio radicans*

澤，甚至皺縮癟掉。不宜噴水
保持潮濕，會有腐爛之虞。

應用

最佳的吊盆植物，可以
垂掛得很直順。

繁殖

採扦插繁殖。取五公分
一段，平鋪介質上即可，莖上
會長出不定根。

金玉菊

學名：*Senecio macroglossus* cv. Variegatum
英名：Cape Ivy、Wax Vine

長得很像常春藤，但是
實際上是綠之鈴的同
類。和常春藤相較，金
玉菊葉片有光澤，而且
質地厚實。喜好半日照
光線，介質乾就澆水，
太乾旱會掉葉。主要供
吊盆應用，立支架供其
攀爬也很能表現它的特
點。繁殖採用扦插法。

袖珍椰子
Chamaedorea elegans

棕櫚類

棕櫚科植物廣佈全球熱帶及亞熱帶地區，種類豐富，喬木、灌木型都有。較常見的葉型有羽狀葉與掌狀葉兩大類，葉片尺寸差異很大，質感都很輕盈婆娑、颯爽雅致。葉色變化少，以綠色為主，斑葉品種觀賞價值並不突出，所以市場很罕見。選擇植株較小型，且具有耐陰性的種類，應用於室

黃椰子
Chrysalidocarpus lutescens

羅比親王海棗
Phoenix roebelenii

叢立孔雀椰子*Caryota mitis*

竹莖椰子 *Chamaedorea erumpens*

細葉棕櫚竹 *Rhapis humilis*

蒲葵
Livistona chinensis

刺軸櫚
Licuala grandis

內可以營造輕鬆的熱帶地區印象與悠閒的空間氣氛。

栽培

適合室內栽培的棕櫚，多是能夠適應半日照環境的品種，窗邊光線就可以生長。最耐陰的是觀音棕竹與袖珍椰子，僅靠燈光就可以正常生長。有主幹的棕櫚較耐旱，沒有主幹的種類，土乾才澆水。不時給葉片噴水，有助生長勢，讓株型更美觀。

應用

最重要的原則是，不要把植株擺在雜亂的背景前，因棕櫚科葉片細，只有配素面的背景，才顯得出葉片的優雅。可以單盆使用，組合時它也是主角（主題）。

繁殖

椰子類都採用播種法，但是種子處理手續繁瑣，萌芽率低且生長緩慢，一般趣味栽培通常不自行繁殖。

觀音棕竹
Rhapis excelsa

鐵線蕨

蕨類

蕨類植物型態多變的葉片與姿態，加上細緻柔美的質感，具有高度的觀賞價值，尤其大多數種類能忍受較低的光線，正好適合室內栽培應用。有些大型蕨類在庭園景觀中，能營造特有的山林野趣，為嚮往自然的人們所珍愛。熱帶地區的樹幹上，常有野生或種植的著生蕨類植物，展現奇異的姿態造型，是熱帶地區特有的景象，常用在表現熱帶風情的設計佈置中。薄嫩纖細的葉片、濃淡有致的綠意、婆娑輕盈的葉叢與奇特多變的造型，是蕨類植物最吸引人的地方。經過長期的選育，與不斷發掘野外具觀賞性的原生品種，讓蕨類植物在觀葉植物的市場上始終佔有一席之地。

葉軸烏黑亮麗如鐵線而得名，亦有「少女髮絲」的美稱。葉片疏密有致，葉色嫩綠帶透明感，新葉呈粉紅色，觀賞價值高而深受喜好。品種變化不大，僅小葉形狀與密度有

鐵線蕨 *Adiantum*

細葉鐵線蕨 *Adiantum raddianum cv.Brilliantelse*

鐵線蕨 *Adiantum raddianum cv.*

差異，原生種有多種外型有變化且具觀賞價值的品種，尚待開發培養。

栽培

喜好半日照的環境，如戶外的樹下遮蔭處或室內窗邊，太陰暗會導致生長不良。濕度高有助於生長，但是盆土不能積水。枝葉非常纖細嬌弱，放置地點應避免受空調送風吹襲，否則嫩芽摩擦損傷。

應用

主要供作3吋迷你盆栽及5吋的中型盆栽，大型品種亦有7吋盆栽。適合單獨放置或與蘭花、非洲董等室內觀賞花卉組合應用。

繁殖

用分株法繁殖。

白玉鳳尾蕨
Pteris cretica cv.
Alba-Lineata

鳳尾蕨

鳳尾蕨種類繁多，野生的鳳尾蕨，在牆腳、溪畔、水溝旁處處可見，又名鳳尾草、井邊草等，是青草茶的主要原料之一，具有消炎退火的功能。觀賞的鳳尾蕨是經過園藝改良培育，選出葉片有斑紋與葉型有奇特變化，具有觀賞性的種類。感覺像鐵線蕨一樣柔細，但是體質強健許多。

栽培

耐陰性強，受強烈日照葉片會黃化。喜好潮濕，不具耐旱性。常因忽略未澆水或澆水不足造成葉片乾枯，此時應將已黃化的葉片剪除，在葉叢上噴水，並為盆土澆足水分，即可逐漸恢復生機。新芽忌受強風吹拂而被枝葉摩擦，所以擺放地點須能避風。

應用

鳳尾蕨質感柔細、葉片線條優美，因為葉片較細窄且有白紋，單獨擺放在淺色牆面前，綠化效果並不突出，適合與其他植物搭配，可扮演稱職的配角；在組合盆栽搭配應用時，常能襯托其他濃豔花色的花卉。

繁殖

用分株法繁殖。

石化野雞尾蕨 *Pteris cretica cv.* Cristata

銀脈鳳尾蕨 *Pteris ensiformis cv.* Victoriae

蕨類	學名：Cyathea lepifera
	英名：Taiwan Tree Fern

筆筒樹

台灣原生的大型樹蕨，在低海拔的山林中十分普遍，具有山林野趣的象徵。因為樹幹中空可以做筆筒而得名，樹幹上有明顯的葉痕，像蟒蛇身上的斑紋，所以又有蛇木之稱，栽培蘭花所使用的蛇木屑就是蛇木樹幹上的氣生根所加工製造的。

栽培

全日照或半日照都可以生長，成株更需要充足日照。成長必須在高濕度環境，空氣乾燥易使葉片黃化。根部最忌積水。

應用

一呎以上的大型盆栽，生態造景使用效果最佳，大型的葉片不僅提供遮陰的效果，也是令人注目的主題樹。

繁殖

用孢子繁殖，但是成長時間太久，一般居家栽培不自行繁殖。

筆筒樹 *Cyathea lepifera*

蕨類

學名：*Nephrolepis*
英名：Boston Fern

腎蕨

邱比特腎蕨
Nephrolepis exaltata cv.

　　腎蕨因為地下莖具有儲水的球狀體而得名，俗稱「玉羊齒」。球狀體可供食用，為野外求生必須認識的植物。台灣

波士頓腎蕨 *Nephrolepis exaltata* cv. Bostoniensis

野生的，耐候性強，常見於道路邊坡上，主要供水土保持及地被植物使用，有專門栽培用來當作葉材，許多人在剛接觸花藝設計時常會使用到，想必現在對「玉羊齒」還留有深刻印象。

栽培
原生種具有耐旱性，但是栽培觀賞品種不可缺水，乾旱會造成落葉，影響美觀甚巨。經常給葉叢噴水，能保持新芽的健全與葉片的美觀。

應用
腎蕨大多供吊盆及桌上盆栽使用，以展現其豐滿四散的青翠葉片；也可用在較陰暗的戶外庭院密植，青翠的葉色可以表現翁翁鬱鬱的綠意。

繁殖
繁殖採用分株法，地下莖容易在盆內竄生，造成根系擁塞，如久不分株，易使植株生長老化。

波士頓腎蕨
Nephrolepis exaltata cv. Bostoniensis

小葉腎蕨 *Nephrolepis duffii*

密葉腎蕨
Nephrolepis exaltata cv. Mini Ruffle

學名：*Platycerium*
英名：Staghorn Fern

鹿角蕨

鹿角蕨
Platycerium biforcatum

　　鹿角蕨又稱「麋角蕨」，因它的葉片形似鹿角或麋角而得名。它具有兩種葉片型態，一種是像鹿角下垂，具有產生孢子能力的葉片；一種是在植株基部像白菜葉層層包覆於其著生的樹幹上，功能是截留雨水與灰塵、落葉等物體，以供生長所需。鹿角蕨原產於亞、非洲的熱帶地區，喜好光線充足的環境，因為葉片厚實，亦可忍受短暫的乾旱。栽培一般多採模擬自然的立面種植法，可直接綁繫在東向的樹幹或岩石上，或以蛇木板、蛇木柱種植。

栽培
　　附著立面生長最佳，光線充足至半日照皆可；室內光線通常不足供其健康成長，故以室外栽培為佳。生長較緩慢，須經常噴水霧增加溼度，每周施一次觀葉植物用的液肥可促進生長。

應用
　　鹿角蕨是附生植物，最常被固定在蛇木板上，成為活動吊飾，吊掛任何地方。它也可固定在光禿的大樹幹上，增加樹幹的豐富度。鹿角蕨異國風味強，是營造熱帶雨林風情的好材料。

繁殖
　　用分株法繁殖。把小株連同營養葉一併切下，綁緊在蛇木板上，植株和板子間不必放水苔。

大鹿角蕨
Platycerium grande

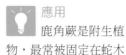

蕨類

山蘇花

學名：*Asplenium*
英名：Bird's Nest Fern

山蘇花著生在樹上時，形似鳥巢，又名「鳥巢蕨」。從前主要以供作切葉花材及盆栽觀賞使用，近年仿效原住民食用嫩芽而大為流行，是一種清潔且營養的野蔬。

栽培

光照強，葉片變黃；光照低，葉片翠綠但是葉形較狹長。適合陰濕的庭院或室內栽培。濕度高的環境生長良好，可以經常給葉片噴水以促進生長。

應用

觀賞栽培以2.5吋及5吋盆為主，亦有種植於蛇木柱上的聚集組合種植方式，具有模擬天然生態的美感。

繁殖

用孢子繁殖，可以收取葉背的孢子，散佈於濕潤的培養土上。

波葉山蘇花
Asplenium nidus cv.

圓葉山蘇花
Asplenium nidus cv.
Avis

山蘇花
Asplenium nidus

山蘇花 *Asplenium*

卷柏

垂枝卷柏
Selaginella kraussiana

　　卷柏是較原始的蕨類植物，體積嬌小玲瓏，葉片細緻可愛，令人愛不釋手。因為對環境比較敏感，會有栽培困難的情形。

栽培

　　不可受陽光直射，太陰暗亦生長不良。澆水直接澆入盆土中，避免澆到葉片上。因為分枝細密容易截住水分，若再加上高溫與不通風，就很容易造成發霉腐爛。

應用

　　多生產3吋迷你盆栽規格，甚受市場歡迎。唯進入室內栽培時，常因空氣濕度不足、根部浸水腐爛、環境通風不良、隨意加以觸摸等因素，而逐漸黃化枯死。如能改善上述情況，即可發現卷柏其實不難養。

繁殖

　　用扦插法繁殖，剪取一部分莖，直接平鋪在介質上，再保持濕度，很容易就發根成活。

翠雲草
Selaginella uncinata

鳥巢卷柏
Selaginella lepidophylla

細葉卷柏 *Selaginella apota*

垂枝卷柏 *Selaginella kraussiana*

萬年松
Selaginella tamariscina

生根卷柏
Selaginella doederleinii

魚尾蕨

學名：*Polypodium punctatum cv.* Grandiceps
英名：Fish Tail Fern

　　水龍骨科蕨類植物的一種，
葉片光滑青翠，葉片末端特化
成像金魚尾巴分叉開裂的模
樣。葉片質地堅韌不易壞損，
所以在盆栽應用之外，也是良
好的插花葉材。

魚尾蕨
Polypodium punctatum cv. Grandiceps

蘇鐵蕨

學名：*Blechnum gibbum*
英名：Dwarf Tree Fern

　　屬烏毛蕨的一種，因為葉片型態與生長方式與蘇鐵相似因而得
名，不過真正的蘇
鐵耐旱力強，而蘇
鐵蕨卻一點也不耐
旱。栽培應用需時
時注意水分的補
充。喜好半日照且
潮濕的生長環境。
植株為7吋盆的中等
尺寸，應用適合擺
在地面或矮櫃的高
度欣賞。

蘇鐵蕨*Blechnum gibbuma*

| 蕨類 | 學名：*Davallia mariesii* |
| 兔腳蕨 | 英名：Rabbit's Foot Fern |

附生性蕨類，利用發達的走莖與細根攀附在樹上，走莖的末端覆滿銀色的鱗毛，看起來像兔子的腳一樣毛茸茸。葉片非常細緻，但是走莖也是觀賞的重點，所以用蛇木板或吊盆栽培，或直接綁在樹幹上，任走莖四處蔓爬也是與眾部不同之處。喜好全日照到半日照環境，稍具耐旱性，但是久旱會有落葉情形，須等恢復供水後才會長出新葉片。繁殖採用分株法。

兔腳蕨 *Humata griffithiana*

| 蕨類 | 學名：*Lycopodium* |
| 石松 | 英名：Tassel Fern |

型態特殊的原始蕨類植物，莖部好像一條條細長的毛刷，由盆中垂曳出來。品種還有形似杉葉的石杉，和像柏葉的石柏等，皆適合使用吊盆方式栽培。喜好高濕

石松 *Lycopodium clavatum*

馬尾杉 *Lycopodium phlegmaria*

度環境與半日照光線，生長較緩慢，栽培不可操之過急。

小鳳梨

學名：*Cryptanthus*
英名：Cryptanthus

原產巴西，小型的地生品種，具耐旱性，葉邊有鋸齒，會割手，處理時須小心。主要欣賞它葉片上的紋路，常見的有絨葉小鳳梨、虎紋小鳳梨、三色小鳳梨。

栽培

半日照至全日照。夏天時全日照會燒焦，須注意。具耐旱性，但正常澆水最好，介質乾了就澆水。因它葉片上有鱗片協助吸收水分，噴水有利生長。

應用

單盆欣賞，供喜好者收集品種用。另外，它也是組合盆栽的元素。把植株包水苔吊掛，可做非常藝術性的設計。

繁殖

分株繁殖。母株葉片基部會長仔株，把仔株剝下種植即可。

綠葉小鳳梨 *Cryptanthus*

虎紋小鳳梨 *Cryptanthus zonatus*

斑葉小鳳梨 *Cryptanthus cv.*

絨葉小鳳梨 *Cryptanthus bivittatus*

黑葉小鳳梨 *Cryptanthus cv.*

鳳梨科

空氣鳳梨

學名：*Tillandsia*
英名：Air Plants

　　生長在熱帶、亞熱帶到溫帶約海拔100~5000公尺的區域，是一種附生性的植物，在其原生地常常見到這類植物附生在樹上或石頭上。空氣鳳梨的根用於固著在物體上，吸收養分與水分的功能全靠葉片。所以只需要把它吊掛起來，將水分與液肥以噴霧的方式噴灑在整個植株上，就可以生長得很茂盛。它的葉片有綠色、銀灰色等，當生長環境趨於不佳，葉片會逐轉變顏色，準備開花，在花梗尚未抽出之前，如果環境改變為較適合生長的狀況，它就會停止開花。

栽培

　　半日照。窗邊、日照良好的室內皆可。冬季時可直接給予日照，如果擺在日照不佳的位置，每天需要給予人工光照明約8~10小時。生長的環境，一定要通風良好。大約3~5天以噴霧器澆水一次，噴至葉面微濕即可，水分不要過多，如果在較涼爽或濕氣較重的處所，則大約7~10天噴水一次。

應用

　　空氣鳳梨無須將植株固定，隨時可以移動，所以可以將它隨喜好擺置在各種藝術造型的框架、枯枝，甚至放置在各種具殼中欣賞。

繁殖

　　利用分株法來繁殖。仔株通常從葉片基部的生長點長出，待仔株長根以及葉片展開後，即可將仔株由基部與母株分開。

Tillandsia inoantha Scaposa

Tillandsia streptophylla scheidweiler

Tillandsia inoantha Rubra

Tillandsia bulibosa Hooker f.

Tillandsia argentina

Tillandsia fasciculata × tricolor

Tillandsia tenuifolia

Tillandsia pruinosa Swartz.

Tillandsia fasciculata

Tillandsia juncifolia

Tillandsia inoantha Fego

Tillandsia Caput Medusae E. Morren

Tillandsia capitata Peach

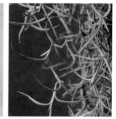

Tillandsia Inoantha Inoantha

Tillandsia usneoides × mallemontii

Tillandsia vriesea espinosa

Tillandsia eepinosae sp.

Tillandsia baileyi

Tillandsia eircinnatoides × Caput, Medusaes

173

彩葉莧

學名：*Alternanthera*
英名：Smooth Joyweed

紅莧
Alternanthera parony-chioides cv. Picta

　　枝葉細緻的多年生草本觀葉植物，葉色豐富，葉型也有圓葉、尖葉的變化。生長迅速且耐修剪，是花壇與地被景觀不可缺的材料。

栽培
高溫生長迅速但是葉色較暗沉，冬季低溫時紅葉的品種葉色分外鮮明。生長太密時需要疏枝修剪，剪下的枝條可以做扦插使用。

法國莧 *Alternanthera paronychioides* cv.

紅莧 *Alternanthera paronychioides* cv. Picta

應用

單獨盆栽或與其他觀葉植物、草花混合設計組合盆栽。此外擅用它分枝細密的質感與鮮明的葉色，可以在草地上排列設計成圖案與文字。

繁殖

暖季剪取枝條，集合數枝扦插於盆內的效果，比分散扦插好。

紫綠莧 *Alternanthera paronychioides cv.*

莧科	學名：*Aerve*

紫絹莧

白絹莧
Aerve songuinolenta cv.

紫絹莧 *Aerve sanguinolenta cv. Sanguinea*

有紫、白兩種葉色，枝條匍匐性，多供作地被植物使用，因為蔓爬速度快，所以覆蓋效果良好。生長需要陽光照射，光線不足植株柔弱且色彩黯淡。冬季生長緩慢，可以強剪以促進更新。

學名：*Iresine*
英名：Bloodleaf

圓葉洋莧

紅葉洋莧
Aerve songuinolenta cv. Songuinea

　　莖葉的色彩非常鮮明，有紅葉、黃綠葉的品種。枝條豎直，所以種植時要密植效果較佳。可以盆栽單獨栽培或是密植成叢或列植成矮籬都適用。

喜好充足光線，室內不宜種植。不耐旱，需充足供水。冬會有生長停滯的現象，可以強剪以促進春季萌發新枝。

黃脈洋莧*Iresine herbstii Auqo-reticulata*

圓葉洋莧
Iresine herbstii cv.

薑科	學名：*Costus speciosus*
	英名：Spiral Gmget

閉鞘薑

　　花朵相當美觀的植物，但是葉片呈螺旋狀排列，毛茸茸的摸起來很舒服，也有當觀葉植物的價值，尤其斑葉品種具有鮮明的乳白色斑，應用效果十分亮眼。喜好半日照至全日照光線，濕度高可以促進生長。

斑葉閉鞘薑 *Costus speciosus*

薑科	學名：*Kaempferia pulchra*
	英名：Pretty Resurrection Lily

孔雀薑

斑葉孔雀薑
Kaempferia gilbertii

　　葉色清新的小型薑科觀葉植物，翠綠色的葉子鑲白邊，豎直的造型像海草一樣，另一種寬大的葉片上有孔雀羽毛花紋。夏季生長旺盛，葉片冬季會枯葉休眠。適應半日照的環境，全日照葉片容易曬傷。

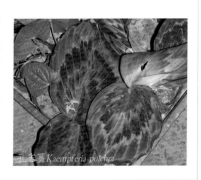

孔雀薑 *Kaempferia pulchra*

斑葉紫金牛

紫金牛科

學名：*Ardisia cv.*
英名：Variegata Coral Berry

　　十分矮小的灌木，高度只有10公分。是日本傳統的觀葉植物，稱為百兩金，育種相當興盛，有各種色彩斑紋與葉形變化。本種葉片綠鑲白邊，新葉嫩橘色，頗為精緻美觀。生產規格為3吋迷你盆栽，適合用陶盆種植或作為組合盆栽的材料。

斑葉紫金牛
Ardisia cv.

海衛矛（柾木）

衛矛科

學名：*Euonymus japonica cv.*
英名：Evergreen Euonymus、Japanese Euonymus

　　原產日本濱海的常綠小灌木，日本稱為柾木。具有生長勢強、耐旱抗病的特點。有許多園藝的觀賞品種，葉片除了有黃、白色的斑紋之外，大小也有變化。常作為切花葉材使用，3吋迷你盆栽規格可當組合盆栽材料，或作為修整盆景使用。7 吋盆栽可作為庭園觀賞應用，不論叢植或列植成矮籬都可以。

海衛矛　*Euonymus japonica*　　海衛矛　*Euonymus japonica*

茜草科	學名：*Hoffmannia refulgens*
	英名：Quilted Taffeta Plant

錦袍木

　　原產中美洲的常綠半灌木，雖然稱為木，但是本種其實比較接近草本的型態。絨布狀的葉片上有細緻的側脈紋路，全株佈滿紅褐色的絨毛，在光線移動時，會呈現不同的色彩變化。生產以5吋盆為主，適合半日照的環境栽培，陽台栽培要注意冬季低溫。

錦袍木
Hoffmannia refulgens

茜草科	學名：*Coffea arabica*
	英名：Coffee

咖啡

　　現在所流行種子小森林中，咖啡是最受歡迎的一種，隨著幼苗日漸成長，可以移到較大的盆器繼續栽培，就會成為綠意十足的咖啡盆栽。葉片光滑油亮，耐陰性強，極適合室內栽培。

咖啡*Coffea arabica*

咖啡*Coffea arabica*

| 旅人蕉科 | 學名：*Strelitzia nicolai* |
| | 英名：Giant Bird of Paradise |

白花天堂鳥

型態與旅人蕉相似，但是一般看到種植於1呎盆規格的植株就已經會開花，碩大的花朵從葉基部長出，型態與天堂鳥一樣，只是變成白色。葉片大且強韌耐久，在室內可以維持長久的觀賞壽命。姿態優雅，多單株種植於大陶盆內，盆內再配植其他觀葉植物互相襯托。

白花天堂鳥 *Strelitzia nicolai*

| 立雅樹科 | 學名：*Leea coccinea* |
| | 英名：Burgundy |

立雅樹

葉色別緻的常綠小喬木，好像紅葡萄酒一樣的深紅色，難怪英文名字稱為勃根地（紅酒）。葉片形似南天竹，其實它與葡萄科比較接近。葉叢略顯稀疏，所以盆栽都是多株種在一起。略具耐陰性，但是光線越強，葉色越黑，反而更有可看性。用播種法繁殖。

立雅樹 *Leea coccinea*

蓼科	學名：*Muehlenbeckia Complexa*
鐵線草	英名：Wireplants

　　新引進的觀賞植物，為常綠蔓藤，因為形似蕨類植物中的鈕扣蕨，所以引起誤認。莖部非常纖細，黝黑的像鐵線一樣而得名，葉片如指甲般大小，整體看起來細緻可愛。生產多為7吋吊盆，都生長得非常茂密，適合懸掛於陽台及室內窗邊明亮處。喜好高溫多濕，冬季寒冷時會有落葉休眠現象，需移入室內栽培。

鐵線草
Muehlenbeckia Complexa

海桐科	學名：*Pittosporum tobira cv.Variegatum*
斑葉海桐	英名：Mock Orange

　　海桐是能夠適應海岸強烈日照與強風吹襲的濱海植物，葉片厚實且葉表披覆革質，對環境的適應性強。一般品種多作為濱海地區及都市街道旁的景觀綠化用，常修整成綠籬及圓整的造型。花朵白色，芬芳撲鼻。斑葉品種葉緣具有白色斑紋，讓不是開花期的海桐也具有可看性，而且海桐堅毅的特性與敦厚的葉片，適合用陶瓦質的大盆器盛裝，在戶外或室內都能展現南洋風。

斑葉海桐 *Pittosporum tobira cv.Variegatum*

觀葉植物組合應用

第四章

一、近觀葉片美麗姿色

不開花的植物，有什麼美色可賞？如果你是這麼想，那就大錯特錯了。有些觀葉植物的葉形、葉片上的色塊、斑紋、線條，不但比花朵更有看頭，甚至葉比花嬌呢！

變葉木

地毯秋海棠

孔雀竹芋

朱蕉

彩葉芋

鑲邊虎尾蘭

觀葉秋海棠

箭羽竹芋

椒草

波斯紅草

彩葉芋

彩葉草

冷水花

網紋草

合果芋

黛粉葉

粗肋草

粗肋草

185

二、單株擺設盆器加分

一些觀葉植物因本身色澤、株型搶眼，自成一格，單盆擺放就已很有欣賞價值；這時候若為它們穿上適宜的「外衣」——美麗盆器，可看性就更高了。

沙發旁、桌椅後、玄關、落地窗旁、室內角落，有較大位置適合擺中大型的落地盆栽，可讓空間顯得大方，猶如處在植物懷抱中。

自然就是美

小巧的植栽,不需要太多的改變,只要以素陶盆,或以透明的玻璃器皿妝點,就能顯出秀麗本色。

獨具風格盆栽

利用現成的容器,選擇性可能會有所限制,如果能用簡便的資材,如容易拗折塑型的鋁線等,自創特色盆器,就能讓簡單的盆栽,有了自己的個性。

線條簡單的虎尾蘭搭配素色陶盆,妝點小飾物,就變成可愛小盆景。

常春藤栽植,搭配用鋁線完全DIY的盆器,再加上同質感的飾品,活像個禮物。

一些觀葉植物也適合插入水中做水耕,如合果芋、彩葉芋、竹芋、黃金葛、網紋草等,顯得清涼又可愛。

鋁線所做的螺旋形裝飾,讓盆器亮麗更有型。

小巧的葉片,最適合套上一個鮮麗的小陶盆。

落地盆栽顯氣勢

具一定高度的觀葉植物，套上陶、瓷等材質盆器，才不會顯得頭重腳輕，搖欲墜。落地的大型盆栽，修飾角落空間既好用，又顯氣勢。

粉葉盆栽

百合竹盆栽

鴨腳木盆栽

旅人蕉盆栽

喜氣洋洋招財來

　　馬拉巴栗素有招財樹之美名，遇有喜慶日子，把中型的馬拉巴栗植株，以白色盆器搭配，再飾以紅繩或中國結，喜氣洋溢。

馬拉巴栗招財盆飾　step by step

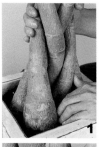

1.將發財樹植入高長盆器內。

2.填上介質後，以白石子鋪滿土表。

3.用紅色繩線捆綁盆器。

4.將飾品黏在繩結上方。
（示範設計／吳承雄）

三、組合種植更顯巧思

觀葉植物盆栽獨株欣賞固然清雅，但多株合植更顯巧思與相得益彰，尤其花市許多觀葉小盆栽， 100元可以買到2或3盆，物美價廉，把它們買回家做組合盆栽，不但可提升植物的觀賞價值，更能發揮栽種者的創意，使種植成為一項有趣味的活動。所創作的組合盆栽，也成為靈活的綠色家具，美化居家。如果你想與朋友分享種植的喜悅，也可以把組合盆栽當做伴手禮，肯定會創造一份驚喜，贏得一番讚美。

合植風貌變化多

把迷你型的觀葉植物合擺台桌上，具組合趣味又可就近觀賞。

植物不必合植於一個大盆內，單盆排排擺顯，也有組合效果。

室外角落適合以耐陰觀葉植物，配合藝術品造景，做出簡單綠意。

福祿桐可以當組合盆栽的主樹。

風格盆器組合　　吉祥盆栽

利用銅線所做的幾何圖形裝飾盆器，增進組合盆栽質感。增加觀賞趣味。

三棵空氣鳳梨，三個鍋刷，一個沒有歸屬的台座——一些開著的黑色小碎砂，你能想像嗎？組合起來，儼然是綠色極品。

上過銀漆的塑膠淺盆，圓葉橢欖桐加上小熊、合果芋、紅網紋草、迷你蒟蒻、常春藤，還有幾個裝飾的迷你陶盆，就是一個趣味可愛的組合盆栽。

粗獷個性組合step by step

(設計示範／綠蔭走廊)

材料：皺葉椒草、圓葉椒草、薜荔、陶盆兩個、發泡煉石、粗鋁線、剪刀、介質、硓𥑮石、白砂。

1. 將粗鋁線沿著兩個花器邊緣纏繞2-3圈。
2. 用細鋁線將纏繞的粗鋁線固定，將鋁線圈套住兩個陶盆。
3. 將發泡煉石個別倒入兩盆內至1/3滿，再加入介質。
4. 皺葉椒草、圓葉椒草分別植入不同陶盆內，薜荔植入與圓葉椒草同一個陶盆。
5. 將盆土整平，硓𥑮石置於盆土表面，最後鋪上白砂。

1 **2** **3** **4** **5**

四、吊盆與壁飾

一些適合做吊盆的觀葉植物,如合果芋、小葉冷水花、蔓性椒草、常春藤、薜荔、黃金葛、武竹、蕨類等,都可高高掛起,除了不佔空間,更多了搖曳的美感。

向下延伸的串錢藤,加上白紋草葉片的美麗弧度,這樣的搭配組合有一幅山水畫。

利用一個現成的白色鐵質支架,再以鋁線加以裝飾,並做成吊盆,可以經常更換其中的盆栽,增加觀賞趣味。

適合吊掛生長的松蘿鳳梨,搭配以另一種葉片捲曲有致的大葉型空氣鳳梨,相互襯托,原來空氣鳳梨也可以很優雅。

半壁式單一植物

（設計示範／張滋佳）

材料：白網紋草一盆（4吋盆大小）、培養土、發泡煉石、不織布、半壁式可蓄水陶製花器（小）

1.先在密閉式花器裡依序放入薄薄一層發泡煉石。

2.再放入約花器三分之一高的培養土。

3.從花盆裡拿出白網紋草時先輕壓盆緣，讓土壤與原來的容器分離。

4.拿出後檢查根系是否完好，再仔細分開纏繞在一起的枝葉，將它分出適合花器大小的部分。

5.放入花器裡，填土壓實。

6.整理後放上裝飾品，適度澆水。

吊掛壁飾

誰說掛起來的盆栽只能有吊盆，能夠緊貼著壁面的吊掛壁飾，不但是植物的另一種栽培方式，更能是如畫作一般的立體藝術品，絕對獨一無二。

組合式植物壁飾 step by step

材料：黛粉葉、毬蘭、觀賞鳳梨、水草；熱融槍、蛇木板、廢木條、粗鋁線、貝殼、素陶盆等裝飾品。

做法：

1. 蛇木板上可以熱融槍黏上貝殼、敲碎成一半的素陶盆等飾物。

2. 廢木條裝黏蛇木板四周做成畫框般，完成後如圖示。

3. 黛粉葉連土放於一半的陶盆內；盆上再黏些貝殼做裝飾。

4. 毬蘭連土靠於板右側，上覆水草後，再插入彎曲鋁線固定即完成。
（設計示範／鄉間小路 蕭秀英）

五、玻璃花房

　玻璃花房是目前花店裡極受歡迎的組合盆栽。大部分用的是圓形的玻璃缸，取其全透明的明亮質感與弧面的觀賞效果，比起一般盆栽更能多角度欣賞。

(設計示範／花格子花房 黃達)

材料：櫻桃合果芋、白網紋草、紅網紋草、嫣白蔓、彈簧草；培養土、珊瑚砂、卵石、裝飾品
做法：
1.玻璃缸裡放培養土至一半高度。先植最高的櫻桃合果芋於邊緣。
2.將白網紋草、紅網紋草、嫣白蔓、彈簧草依序靠植於缸緣。
3.倒入珊瑚砂覆滿露出土面，再放入卵石做造景。
4.利用噴水器澆水時將缸緣土沖乾淨，最後再放入小裝飾即完成。

六、水耕栽培

　　有些土栽的植物，也可以水耕栽培，如黃金葛、合果芋、銅錢草、火鶴花、白紋草、黛粉葉、開運竹…等。不過，須特別注意的是，水耕時盆裡不能含土，否則根部會腐爛。水耕栽培可用乾淨的介質如小石子、發泡煉石、麥飯石、蓄水晶、塑膠石等等代替泥土，固定植株。

其他也適合水耕的觀葉植物

袖珍椰子

五彩千年木

羽裂蔓綠絨

翠玉黛粉葉

箭羽竹芋

金葉竹蕉

白紋草

迷你朱蕉

（示範設計／閱微草堂 莊育文）

材料：銅錢草、玻璃大盆、白色小石子。
1.在盛水的盆內放入小石子。
2.把銅錢草根部的泥土洗淨。
3.銅錢草植株置入盆內，以小石子固定。一盆可美化室內的水耕銅錢草種植完成。

七、趣味綠雕

七矮人綠雕DIY

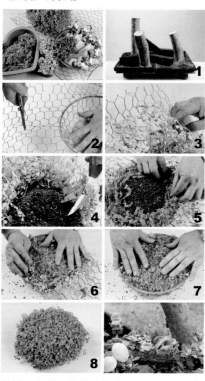

材料：介質、植栽〈薜荔、嫣紅蔓、白蔓蘿〉、龜殼網、半圓形模型、小矮人。

1.將原木及蛇木板用矽立康固定，形成森林的雛形。

2.製作樹冠，將龜殼網用剪定鋏裁成適當大小，置入模型中。

3.將植栽置入模型中。

4.裁剪掉多餘的根部。

5.在植栽根部鋪上介質。

6.將龜殼網折回後固定。

7.全部固定好後即可從模型中倒出。

8.圓圓樹頂成品。

9.將樹頂固定在原木上，並在蛇木板上鋪上青苔、嫣紅蔓、嫣白蔓。將小矮人固定在蛇木板上就完成了。

（示範設計／黃聖義）

現成模型立體綠雕

當植物爬滿綠雕模型框，就像毛茸茸的布偶，造型相當討喜。

（示範設計／陳坤燦）

材料·模型框、水草、鐵線。
1.用浸濕後擰乾的水草將模型框緊實填滿。
2.在模型內的水草上挖洞，塞入根部包覆水草的薜荔。
3.將折成U形的鐵線固定住較長的地方，並剪除多餘部分。

室內觀葉植物佈置實例參考

第五章

CASE 1 與花草一起呼吸的自然空間

山中的小木屋，是主人一手打造。從庭園到室內自然舒適的環境，花花草草都是最佳的佈置元素。

觀葉是室內外的主流植物

不論室內外，觀葉植物都是不可或缺的主流。部份觀葉植物能夠適應全日照，種在室外會是最鮮明的視覺焦點。鵝掌藤、彩葉芋、後葉木以及蕨類中少數可以適合全日照的鹿角蕨，除了在室內種植外，也適合靠近庭園的全日照環境。

場地提供／山芙蓉　攝影／陳晉生

組景型盆栽形成自然隔間

室內佈置滿滿的綠意，有的懸掛，有的組景，穿插在各個角落，與開放流動的空間設計是很完美的組合。

利用蒲葵、白鶴芋及其他耐陰觀葉植物作組景的設計，好整理同時像自然的隔間，營造舒適且充滿自然的空間風格。

窗台是小盆栽的展示台

窗外花團錦簇，室內滿是綠意，外推的窗台剛好擺上椒草類的觀葉最適合。唯一要注意就是有莖的觀葉植物，避免向光性造成姿態偏一邊，經常轉個方向，可以讓植物形態長得平均。

懸掛型植物與壁燈的自然野趣

壁上的掛燈與攀爬的植物合果芋、蔓綠絨構成一幅美麗畫面。

垂掛植物像綠色風鈴

垂掛柔軟的串錢藤像綠意風鈴一般，是窗邊最佳佈置。一面啜飲咖啡，一面欣賞滿園綠意，享受悠閒愜意的生活情調。

向戶外借景的室內自然

自然與人文構築復古氣息

窗外滿園綠意，透過古典的中式圓窗，利用壁上的鹿角蕨，和地面的黃金葛、觀音蓮，室內延伸了室外的綠意，連成一景。

垂吊植物柔化層板線條

層板上陳列著各式各樣的攝影集、手作陶杯，不時穿插幾盆小盆栽如黃金葛、常春藤，活潑垂掛的枝條把空間佈置得更有人文味，而不只是陳列品而已。

綠意讓浴室充滿明亮活力

廁所有明亮的光線，濕度高，最適合觀葉植物生長。牆上垂吊的常春藤姿態優美，地上選擇小盆栽黛粉葉、白鶴芋，有美化效果又不會妨礙動線。

CASE 2 善用花草妝點壁面的風格咖啡館

這是一家充滿綠意的咖啡館，從室外一直延伸到室內，滿滿的花草佈置，喝咖啡的同時，視覺也享受美麗的庭園風情。

美麗的拱門

盛開的桃紅色九重葛，清楚地表現店家的風格。美麗的門面，吸引不少想一窺內部的過路人。

盆栽組景在門口迎賓

紅磚柱的壁面，吊掛著自然垂下來的薜荔，下方則是木質盆器，裡面種著常春藤、黃金葛、辣椒、與一些花卉的組合盆栽，與角落聳立的姑婆芋，合成一個具有鄉村風格的小花園。

風格盆器牆上掛

長得密密麻麻的薜荔，配上一個風格盆器，就是牆上最佳的裝飾且不佔空間。

CASE 3 綠意水流串連的頂級空間

推開清玻璃門走進室內,綠竹穿蔭,永恆的青翠意象。黑色大理石為框的水簾瀑,象徵生生不息的財富,活水、綠意、氣派的頂級空間。

的明亮過渡空間,迎接而來的是水流和水中植物紙莎草,植物線條一如空間設計簡潔有力。

明亮的過渡空間

一進門,先享受一段青竹、清玻璃

開運竹自然屏風

此區是休息沙發區,座位後方是開運竹構成的屏風,有開運象徵及實用的效果。

Priority
Banking
優先理財

場地提供╱渣打銀行　設計╱漢象設計　攝影╱游宏祥

室內自然水景

　　自體循環的活水，由三支水瀑回收再生並產生潺潺水流聲響。綠色植物點綴其間，水景空間自然形成。

營造高級氛圍

　　水池中間設置鋼琴區，水流、觀葉植物、莎草共同營造高級俱樂部氣氛，氣派非凡。

CASE 4 藝術人文的自然家居

先生是設計師，太太是畫家，兩人的家居充滿藝術感，除了主人之外，陽光、花草、狗兒都是這個家重要的元素。

舒適自然的客廳

明亮的窗邊，適合所有觀葉植物生長。黃金葛、蔓綠絨製造垂掛效果是最佳選擇，蘭花靠窗放，花期持久，花苞也更漂亮。

原味陽光屋

明亮的陽光屋是所有植物的最愛，吊蘭從上而下隨意掛，葉形特別的羽裂蔓綠絨放置角落，不拘束的葉片正好適合這自由的空間。

場地提供／施恆德 杭台珍　攝影／許時嘉

窗邊的綠意角落

　　生態箱放置窗邊，缸裡容易長藻，整個缸儘量不要全部露在陽光下比較好。

　　如果是種植水耕植物也一樣，容器應以不透明為優先考量。

乘涼好所在

　　走道的盡頭，是俯瞰巷弄的露台，也是夏天乘涼好所在。搭配幾盆綠色植物，古樸建築中看見生命的成長。

CASE 5 峇里島味花草佈置

室內設計採峇里島風格，原木家具、藤材桌椅搭配熱帶的觀葉植物，休閒而有異國情調。

不同層次的綠意客廳

充足光線的鹿角蕨，喜觀明亮環境的椰子樹，耐陰的粗肋草、黃金葛適應力超好。角落暗一點的地方，合果芋、黃金葛，藉助燈光的輔助，也能營造出角落的綠意。

將自然大地帶入居家

峇里島風的色調偏向自然，土黃色的牆壁，石臼茶几上有洞，放上黃金葛盆栽剛剛好；壁面層板下方擺放虎尾蘭，光線雖不是很足夠，但虎尾蘭還是可以適應，只是長得緩慢而已。

細緻的端景

女性專用的化妝鏡，原木製的櫥櫃，角落的布製燈飾和櫃子上的流

蘇，營造出一個細緻的端景。櫃子上的倒垂鳥蕉切花美麗而大方，角落的搭配的植物要耐陰，葉片和形狀儘量選擇樹型盆栽如垂榕、馬拉巴栗或攀柱型如黃金葛，避開椰子類枝葉擴散的樹種。

充滿野趣的浴室

採光良好的衛浴間，是蕨類絕佳的生長環境，山蘇花便是最值得推薦的植物，耐陰的觀音棕竹放在角落，油亮的葉片為陰暗環境中製造亮眼的元素。

213

CASE 6 小森林打造室內綠意

想在室內享有自然綠意，空間卻不夠大怎麼辦?建議小巧可愛的種子森林就是最佳選擇。主人的各個空間擺設不同大小和品種的種子小森林，享受綠意之外還多了賞趣。

大方的客廳佈置

　　美鐵芋是室內觀葉植物首選，俗稱金錢樹有吉祥意味，葉片油油亮，挑選造型優美的植株，搭配質感盆器，沙發旁的茶几是個不錯的擺設位置。從茶几挑高的形

場地提供／麻雀窩鄉間逸品　攝影／詹建華

體，延伸到桌上小型羅漢松盆栽，相互呼應，是舒緩休憩的視覺重心。

小森林沈穩的書房佈置

坐到書桌旁，風格沈穩的小森林能助你心情放鬆、專注。從書中或電腦螢幕

上抬起頭，茂密小巧的綠意轉換你的視線，舒緩眼部疲勞。

浴室也能擺上一盆小巧綠意

種子森林和觀葉植物一樣，能適合室內各種環境，帶點濕度的浴室，更是它的最愛。看著綠意，聽著水聲，小小自然似乎就誕生在浴室裡。

CASE 7 都會陽台的寫實綠意

坪數不大的前後窗台向外稍微擴展，舖上了防水布和薄薄的一層土壤，栽入了十數種耐陰、好種的植物，一個都會裡難得的有蟲鳴鳥叫的有機花園。

這等花園景象想像不到是在車水馬龍的都會陽台吧！但是它真的就存在了，而且因為花草扶疏，還能聽到蟲鳴鳥叫呢！

用餐客人與茂密的花草綠意，只有一層玻璃之隔。

這裡的牆面可不用假花畫作做裝飾，而是貨真價實的陽台花園。

場地提供／有機花園餐廳　攝影／彭鏡蓉

CASE 8 濃密綠意誕生在大樓陽台

由於位在大廈二樓露台，主人不貪豔麗卻不適宜的花卉，僅用耐陰的觀葉植物配合木質鋪面，傳達簡單清爽之感，營造青翠茂密的綠意。

自然概念的綠意陽台

花園裡沒有繁雜的花色，僅用觀葉植物配合木質鋪面傳達簡單清爽之感。在市區大樓的陽台，難得的青翠茂密。

場地提供／三太養生鐵板燒　攝影／彭鏡蓉

把綠攬進門

　　福祿桐、虎尾蘭兩棵大盆栽擺設在大扇門的入口，簡單而大方。

桌下綠意

　　玻璃桌下面的蔓綠絨是最自然的裝飾，水耕土耕主栽都行。

風格小品盆栽

　　室內擺設許多典雅風格的小品盆栽。榕樹枯水景、細細長長的捲葉酒瓶蘭、以及垂懸下來的黃金葛，讓室內到處有綠色的小小驚喜。

CASE 9 玩弄植栽的休憩陽台

有一片露台真是幸運，主人架起了棚架，植槽擺滿了各式植栽，以及木架等資材，加上桌椅，就是一塊全家休息的最佳場所。

廣設平台植栽

在周圍都是高樓遮蔽陽光的環境中，來種耐陰的觀葉植物最適合，搭配部分如紫藤、九重葛等開花植物，紅花綠葉

設計／和楓景觀　攝影／詹建華

把空間變得更有變化。

層板架起立體綠意

壁面上釘上層板，就可以擺設小巧盆栽，高高低低的層板創造出不同層次的

趣味。

日式風格小花園

角落裡製造一個小水景，週邊搭配綠色植栽、宮燈，展現清爽的日式風格。

室內觀葉植物快速索引

室內觀葉植物 種植活用百科

作　　者	陳坤燦、My Garden花草遊戲編輯部
責任主編	黃秀娟
總 編 輯	張淑貞
圖片提供	陳坤燦
特約攝影	劉慶隆、許時嘉、周禎和、游宏祥、詹建華、蕭維剛、王正毅
	彭鏡蓉、廖俊彥、何忠誠、陳熙倫、蔡錫淵、謝文創、臧開平
	王永村
特約美編	十二設計

發 行 人	何飛鵬
社　　長	許彩雪
出　　版	城邦文化事業股份有限公司　麥浩斯出版
E-mail	cs@myhomelife.com.tw
地　　址	104台北市中山區民生東路二段141號8樓
電　　話	02-2500-7578

發　　行	英屬蓋曼群島商家庭傳媒股份有限公司城邦分公司
地　　址	104台北市中山區民生東路二段141號2樓
讀者服務專線	0800-020-299（09:30AM~12:00AM;01:30PM~05:00PM）
讀者服務傳真	02-2517-0999
讀者服務信箱	E-mail：cs@cite.com.tw
劃撥帳號	1983-3516
劃撥戶名	英屬蓋曼群島商家庭傳媒股份有限公司城邦分公司
香港發行	城邦(香港)出版集團有限公司
地　　址	香港灣仔駱克道193號東超商業中心1樓
電　　話	852-2508-6231
傳　　真	852-2578-9337
馬新發行	城邦(馬新)出版集團 Cite (M) Sdn. Bhd. (458372U)
地　　址	11, Jalan 30D/146, Desa Tasik,Sungai Besi, 57000
	Kuala Lumpur, Malaysia.
電　　話	603-90563833
傳　　真	603-90562833

製版印刷	中原造像股份有限公司
版　　次	2004年9月初版一刷
	2009年3月初版五刷
定　　價	新台幣280元正

Printed in Taiwan
版權所有·翻印必究（缺頁或破損請寄回更換）

國家圖書館出版品預行編目資料

室內觀葉植物種植活用百科／陳坤燦，花草遊
戲編輯部. -- 初版. -- 臺北市：麥浩斯
資訊出版：城邦文化發行，2004〔民93〕
　　面；　　公分. -- （園藝家：4）
ISBN 986-7869-59-1（平裝）

1.園藝

435.11　　　　　　　　　　　　　93014252